中美科技竞争力评估报告

（2019）

华东师范大学全球创新与发展研究院

CHINA-U.S. SCIENCE AND TECHNOLOGY COMPETITIVENESS ASSESSMENT REPORT

华东师范大学出版社

·上海·

图书在版编目（CIP）数据

中美科技竞争力评估报告.2019/华东师范大学全球创新与发展研究院编著.—上海：华东师范大学出版社,2019

ISBN 978-7-5675-9047-2

Ⅰ.①中… Ⅱ.①华… Ⅲ.①科技竞争力-对比研究-研究报告-中国、美国-2019　Ⅳ.①G322②G327.12

中国版本图书馆 CIP 数据核字(2019)第 067031 号

中美科技竞争力评估报告(2019)

编　　著	华东师范大学全球创新与发展研究院
策划编辑	张俊玲
项目编辑	袁梦清
审读编辑	袁梦清
责任校对	张　筝
装帧设计	刘怡霖

出版发行	华东师范大学出版社
社　　址	上海市中山北路 3663 号　邮编 200062
网　　址	www.ecnupress.com.cn
电　　话	021-60821666　行政传真 021-62572105
客服电话	021-62865537　门市(邮购)电话 021-62869887
地　　址	上海市中山北路 3663 号华东师范大学校内先锋路口
网　　店	http://hdsdcbs.tmall.com/

印 刷 者	上海昌鑫龙印务有限公司
开　　本	787×1092　16 开
印　　张	13.25
字　　数	169 千字
版　　次	2019 年 5 月第 1 版
印　　次	2025 年 11 月第 4 次
书　　号	ISBN 978-7-5675-9047-2/G·11988
定　　价	78.00 元

出版人　王　焰

（如发现本版图书有印订质量问题,请寄回本社客服中心调换或电话 021-62865537 联系）

华东师范大学全球创新与发展研究院
《中美科技竞争力评估报告(2019)》研究组

组　长　杜德斌

副组长　刘承良　段德忠　张仁开

成　员（按姓氏笔画排序）

马亚华　卢　函　朱军文

刘承良　孙燕铭　杜德斌

张仁开　林　晓　段德忠

侯纯光　桂钦昌　钱超峰

黄　丽　蒋雪中　喻子豪

焦美琪　翟晨阳　颜子明

目 录
Contents

2 第二章　中美科技人力资源比较 025

3 第三章　中美科技经费投入比较

4 第四章　中美科研论文产出比较 079

5 第五章　中美发明专利产出比较   107

6

7

8

第八章 结论与建议

前　言

　　科技是第一生产力,科技竞争力是国家竞争力的核心和关键。近现代以来,以两次科学革命和三次技术革命为标志,重大科学发现、重大技术突破层出不穷,推动了新兴产业的兴起和发展,催生了以美、英、法、德、日等国为代表的科技强国。这些科技强国的主要特征是科技创新综合实力处于全球领先地位,主要产业处于高端水平,劳动生产率位居世界前列。特别是 21 世纪以来,伴随着知识经济时代的到来,基于知识创造和运用的科学技术得到飞速发展,世界各国都在增加科技创新投入,力图通过科技竞争力的提升实现综合国力的增强。

　　中国和美国都是当今世界科技大国。在全球科技创新版图中,美国是科技实力最强的国家,中国是科技发展速度最快的国家。美国的科技创新实力处于全面领先地位;中国科技飞速发展,是新兴的科技大国,目前正致力于建设世界科技强国。两个国家,一个先行,遥遥领先;一个后发,奋起直追,已成为当今世界最重要的两支科技创新力量。

　　2018 年以来,中美贸易摩擦不断升级。科技创新实力的较量是中美贸易争端的本质,也是决定中美"贸易战"输赢的关键因素。特别是"中兴事件[①]"发生之后,中美科技竞争,特别是两国科技创新实力的差距究竟有多

---

　　① 美国商务部宣布禁止美国公司在 7 年之内向中兴出售产品,导致中兴业务几近瘫痪。

大,已成为社会各界关注的重要议题。本报告聚焦中美这两个世界科技经济大国,从科技竞争力的内涵及指标体系出发,基于详实、权威的统计数据,结合对装备制造、信息通信等高新技术产业的深入分析,从科技人力资源、科技财力资源、科学研究、技术创新和科技国际化等五个方面,对比研究中美两国科技创新发展的态势及趋势。

在章节布局上,本报告采取"总-分-总"的结构展开分析和论述,主体内容共包括八章,可分为七个部分。第一部分为总论(第一章),在对科技竞争力进行科学界定的基础上,构建中美科技竞争力评价指标体系,从科技人力资源竞争力、科技财力资源竞争力、科学研究竞争力、技术创新竞争力和科技国际化竞争力等五个维度对中美两国的创新能力和科技竞争力进行全面比较和总体分析。第二部分为科技人力资源比较(第二章),选取全时当量研究人员、高被引科学家、诺贝尔奖获得者、科学与工程领域毕业生和国际留学生等关键指标,对比分析中美两国在科技人力资源竞争力方面的差异。第三部分为科技财力资源比较(第三章),基于科技经费投入数据,对中美两国科技经费投入的数量规模、领域分布和结构特征进行分析和比较。第四部分为科学研究竞争力比较(第四章),基于科研论文产出,从一般科研论文、高水平论文、国际合作和学科的规模与影响及其变化趋势等方面,比较分析中美两国在基础科学研究方面的差异。第五部分为技术创新竞争力比较(第五章和第六章),以专利产出对比分析为主,同时选择装备制造、信息通信等高新技术重点产业领域,对中美两国的技术创新竞争力,特别是产业技术创新能力进行比较研究。第六部分为科技国际化竞争力比较(第七章),以中美两国的国际技术贸易为主要研究对象,从以高技术产品出口为表征的显性技术贸易和以知识产权贸易为表征的隐性技术贸易两个方面,对两国国际技术贸易的发展情况进行比较分析。第七部分为结论与建议(第八章),在总结中美科技竞争力对比分析基本结论的基础上,研究提出中国进一步提升科技竞争力的若干对策和建议。

基于科学的统计分析和综合研究,本报告认为,无论是整体竞争力还是科技投入、科学研究、技术创新、科技国际化等单项竞争力,中国都与美国存在不小差距,中国科技竞争力虽然加速提升,但仍显著落后于美国,中国科技发展任重道远。基于中美两国科技竞争力的现状对比及趋势研判,本报告认为,中国进一步提升科技竞争力,加快建设世界科技强国,既需要对标先进、参照一流,进一步深化开放式创新,充分学习和借鉴美国等科技强国的成功经验,更需要立足自身、正视短板,坚持科技创新与制度创新双轮驱动、发展速度和创新质量有机统一、自主创新与开放创新相互促进,着力推动以质量和效益为核心的创新战略,加强基础科学研究,突破关键核心技术,集聚高端科创人才,实现国家科技竞争力的持续稳步增强。

本报告可供各级领导干部、有关决策部门、科技管理部门、科技政策研究工作者、企业管理人员和高等院校师生参阅。由于编写时间较短,难免存在缺陷,敬请读者谅解。

本报告的完成和出版得到教育部科学技术委员会和科技司、上海市科学技术委员会、华东师范大学出版社等单位的大力支持,华东师范大学全球创新与发展战略研究院的段德忠博士、博士研究生桂钦昌、林晓、侯纯光、焦美琪等同学参与了相关章节的数据收集、分析整理和文稿撰写,刘承良、张仁开、马亚华、朱军文、蒋雪中、黄丽、孙燕铭等老师和专家参与了报告的讨论,贡献了很多智慧。同时,本报告也参考和借鉴了有关专家学者的研究成果,在此一并表示感谢!

杜德斌

2018 年 12 月 31 日

第一章

中美科技竞争力整体评价

　　科技是第一生产力,是经济和社会发展的动力之源。科技兴,则国运兴。科技竞争力不仅是国家竞争力的重要组成部分,同时也是其核心支柱。实现中华民族伟大复兴,科技是关键。改革开放以来,从科教兴国战略到创新驱动发展战略,中国成长为亚洲第一和世界第二大经济体的同时,在科技创新领域逐渐走出了一条具有中国特色的自主创新道路,多个科技指标已跃居世界前列。中国科技力量的快速崛起,正在深刻改变、重构世界科技版图和世界政治经济格局。美国是当今世界科技实力和综合国力最强大的国家,是中国科技发展最好的参照系。本章从科技竞争力的内涵出发,基于科学的指标体系和统计数据,对中美两国的科技竞争力进行综合评价和分析。

一、科技竞争力及相关概念

科技竞争力是一个国家综合竞争力的核心组成部分。有关国家科技竞争力的评价涉及多个相关的概念，如"竞争力"、"国家创新能力"、"国家科技能力"等。本部分将结合相关概念对"科技竞争力"的内涵进行阐释。

（一）竞争力

竞争力，是竞争参与者在角逐或比较中而体现出来的综合能力。早期的竞争力研究主要关注企业的竞争力，它是指在竞争性市场条件下，企业通过培育自身资源和能力，获取外部可寻资源，并综合加以利用，在为顾客创造价值的基础上，实现自身价值的综合性能力。后来竞争力概念被推广到各种非企业甚至国家组织能力的分析上。国外关于国家竞争力研究，以哈佛大学迈克尔·波特（Michael E. Porter）提出的竞争力"钻石模型"和世界经济论坛（WEF）发布的《全球竞争力报告》（Global Competitiveness Report，GCR）最为著名。

波特是商业管理界公认的"竞争战略之父"，其在《竞争战略》（Competitive Strategy）、《竞争优势》（Competitive Advantage）和《国家竞争优势》（The Competitive Advantage of Nations）等一系列论著中，对国家竞争力的核心要素、成长要素、发展要素和各要素之间的有效运行机制进行了全面剖析，并提出了国家竞争力的"钻石体系"分析框架。

世界经济论坛(WEF)《全球竞争力报告》的理论基础是新古典主义经济增长理论、技术内生化经济增长模型和大量经验性研究文献的综合。该报告认为,竞争力有如下三种定义:① 国际竞争力:在国际市场上从事销售活动的能力;② 技术竞争力:与发展绩效或发展潜力同义,即关注国家的技术、生产力、人力资本和物质资本;③ 作为吸引移动性生产要素能力的竞争力:包括人才流动、创新资源流动等。《全球竞争力报告》提出的国家竞争力评价指标体系包括当前竞争力指数、竞争力增长指数、商业竞争力指数、微观经济竞争力指数以及全球竞争力指数。

(二) 国家创新能力

2000 年,美国学者斯科特·斯特恩(Scott Stern)、迈克尔·波特和杰弗里·费尔曼(Jeffrey L. Furman)在美国国家经济研究局(National Bureau of Economic Research)研究计划《产业组织、生产力、创新和企业家精神》(Industrial Organization, Productivity, Innovation, and Entrepreneurship)中提出了国家创新能力(National Innovative Capacity)的概念框架,将其定义为一个国家开发新技术并将之商业化的能力,其取决于一国通用创新基础设施的完善程度、支撑产业集群发展的创新环境以及这两者之间的联系强度。该概念框架随后被世界经济论坛采用,并应用于《全球竞争力报告》(2003/2004)。

2004 年,《技术评论》杂志推出"全球发明地图"(Global Invention Map)作为测度国家创新能力的工具,该杂志认为国家创新能力测度是一个国家产生具有商业意义的创新成果的潜力。

(三) 科技竞争力

对于"科技竞争力"这一概念,目前国际上尚无统一定义。1999 年,由原国家体改委经济体制改革研究院、中国人民大学、深圳综合开发研究院共同研究发表的《中国国际竞争力发展报告——科技竞争力主题研究》，采用 1998 年度《世界竞争力年鉴》中评价国别科技竞争力的指标体系，对中国科技国际竞争力进行了评价，研究了科技国际竞争力与农业、工业和三大产业的发展关系，从企业管理、国民素质、基础设施、金融体系、国际化、国家经济实力等方面分析科技国际竞争力的发展，并提出了促进科技国际竞争力发展的策略建议。

一些学者对"科技竞争力"的内涵及评价进行了探讨。赵彦云（1999）认为，从科技竞争力整体及其成长关系看，它包含着科技实力、科技体制、科技机制、科技环境、科技基础等部分的竞争力综合。艾国强等（2000）认为，科技竞争力是一个国家科技总量、实力以及科技水平与潜力的综合体现，它是构成国际竞争力的重要组成部分和关键性要素，不仅在经济竞争中具有决定性作用，而且对促进人类社会可持续发展发挥重要的推动与协调作用。

2010 年，由中国科学院科技战略咨询研究院潘教峰等编写的《国际科技竞争力研究报告》从两个层面阐释了科技竞争力的内涵：① 从整体竞争力及其成长关系看，包含科技研究开发实力、创新体制与机制、科技基础、科技环境等竞争力的综合；② 从科技竞争力的组成要素上看，包括教育和科学的竞争基础，技术的竞争水平，研究开发的竞争水平，以及创新能力竞争力等诸多方面。该报告将科技竞争力的内涵拓展至国际竞争力，认为一国的国际科技竞争力主要体现在：① 该国将已有技术资源变为现实科技生产力能力的优势；② 良好的科研环境；③ 企业从事以新产品开发为主的研发创新活动的能力。

综上所述，科技竞争力的内涵十分丰富且广泛，要素构成复杂。基于已有研究，本报告将科技竞争力定义为一个国家将物质和非物质科技资源投入到知识生产和技术开发，并用所得知识和技术促进本国产业升级、经济发展、国防和外交能力提升，进而改善该国在国际政治经济体系（尤其是全球分工体系）中优势地位的能力。

二、科技竞争力相关评价体系

虽然目前国际上对科技竞争力尚无统一定义,但以科技评价为目标的国家科技能力测度或国家创新能力测度已经成为国际组织、智库、咨询机构研究的热点问题。例如,世界经济论坛、瑞士洛桑国际管理发展学院(IMD)、经济合作与发展组织(OECD)、世界银行(WB)、美国兰德公司(RAND)、欧洲工商管理学院(INSEAD)、世界知识产权组织(WIPO)等组织机构都构建了一套科技能力评价体系,对全球或一些国家的科技发展能力进行评估,其中多份咨询报告颇具国际影响力,尤其是洛桑国际管理发展学院的《世界竞争力年鉴》(World Competitiveness Yearbook,WCY)、世界经济论坛的《全球竞争力报告》以及由康奈尔大学、欧洲工商管理学院和世界知识产权组织共同出版的《全球创新指数》(Global Innovation Index,GII)等。另外,近年来中国的一些政策咨询机构也开展了有关科技能力评价的研究工作,如中国科学院科技战略咨询研究院的《国际科技竞争力研究报告》、中国科学技术发展战略研究院的《国家创新指数报告》等。本部分选取国内外三个颇具影响力的科技评价报告进行综述,借鉴其科技评价体系的长处,从而为本报告构建中美科技竞争力评价体系提供参考。

(一)《国际科技竞争力研究报告》

《国际科技竞争力研究报告》是由中国科学院科技战略咨询研究院潘教峰等编写,首次报告于2010年发表。第一份报告以20国集团为研究对象,构建了基于国家层面的国际科技竞争力的研究体系与分析框架,对20国集团各个国家的科技竞争力进行了比较研究。第二份报告聚焦金砖四国的科技竞争力,于2012年发表。

《国际科技竞争力研究报告》从国家科技竞争力对国际竞争力的贡献、

科学论文产出能力、技术创新产出能力、科技对经济社会的影响能力、科技能力软竞争力等方面建构了国际科技竞争力评价体系，具体评价层分为 8 个层次（表 1.1）。

表 1.1　《国际科技竞争力研究报告》国际科技竞争力评价体系

一　级　指　标	二　级　指　标
研究开发财力资源竞争力	R&D 支出总额
	人均 R&D 支出总额
	R&D 支出占 GDP 比重
	企业 R&D 支出总额
	人均企业 R&D 支出总额
研究开发人力资源竞争力	R&D 人员总数
	R&D 人员占全国总人数比例
	人均 R&D 人员总数
	企业 R&D 总人数
	人均企业 R&D 总人数
	获得合格工程师的难易程度
	信息技术熟练工人的可获得性
研究开发效率竞争力	企业间技术合作的普遍程度
	企业和高等院校间合作研究的程度
	企业技术开发财力资源的限制程度
	法律环境对技术开发与应用的支撑程度
	R&D 设施的迁移对未来经济的威胁程度
基础研究状况和水平竞争力	1950 年以来获诺贝尔奖人数
	1950 年以来人均获诺贝尔奖人数
	1950 年以来获国际著名科技奖人数
	1950 年以来人均获国际著名科技奖人数
	第一作者发表的 SCIE 论文数
	第一作者发表的 SCIE 论文占 SCIE 论文总数的份额
	基础研究对长期经济与技术发展的支持程度
	义务教育的科学教育状况
	科技活动对年轻一代的吸引程度

续　表

一 级 指 标	二 级 指 标
研究与创新产出竞争力	SCIE 论文 发明专利
创新能力竞争力	发明专利年平均件数 发明专利年平均增长速度 发明专利生产率(发明专利授权件数/国家的研发人员数) 国民在国外获发明专利的件数 人均发明专利件数 知识产权受保护的程度 派生公司数 派生公司年平均增长速度 技术转移和知识扩散
科技国际化竞争力	国际合作论文占世界的份额 国民在国外申请的发明专利数 SCIE 合作论文相对于世界平均的影响 国家间合作网络关系强度 外国研发人员占国家研发人员总数的比例 技术的进出口额 高技术产品的进出口额
国家科技能力竞争力	人均 GDP 大学以上科学教育注册人数 每百万人口研究机构和大学的数量 每百万人口科学家和工程师的数量

资料来源：潘教峰等《国际科技竞争力研究报告》，科学出版社，2010 年。

从上表看，《国际科技竞争力研究报告》建构的国际科技竞争力评价体系遵循的是科技评价中常见的"投入-产出"分析框架，兼顾效率和国际影响力，评价指标较为全面。不过，该套科技竞争力评价体系也存在以下几个弱点：第一，其主要是面向创新主体（企业、大学）层面科技竞争力的测度；第二，具体评价指标较多，关键性指标不突出；第三，软指标较多，主观性较强；第四，指标重复比例较大，具有较强的线性相关性。

（二）《全球创新指数》

《全球创新指数》由康奈尔大学、欧洲工商管理学院和世界知识产权组织共同出版，始于2007年，至今已连续出版11版。

《全球创新指数》旨在通过评估国家在制度和政策、创新驱动、知识创造、企业创新、技术应用与知识产权等方面的绩效，提供给企业领袖与政府决策者了解提升一国竞争力可能面临的缺失与改进方向。在《全球创新指数》中，全球创新能力评价体系也遵循"投入-产出"的分析框架，共设五个投入参数（制度、人力资本和研究、基础设施、市场成熟度、商业成熟度）以及两个产出参数（知识和技术产出、创意产出）（表1.2）。

表1.2 《全球创新指数》国家创新能力评价体系

一级指标	二级指标	三级指标
创新投入	制度	政治环境
		监管环境
		商业环境
	人力资本和研究	教育
		高等教育
		研发
	基础设施	信息通信技术
		普通基础设施
		能源
	市场成熟度	信贷
		投资
		贸易、竞争和市场规模
	商业成熟度	知识型工人
		创新关联
		知识吸收
创新产出	知识和技术产出	知识的创造
		知识的影响
		知识的传播
	创意产出	无形资产
		创意产品和服务
		网络创意

资料来源：《Global Innovation Index 2018》，http://www.wipo.int/publications/。

从上表看,《全球创新指数》建构的国家创新能力评价指数多为软指标,即需要通过大量的问卷调查和深度访谈获取数据。另外,《全球创新指数》项目最初是康奈尔大学 Dutta 教授在欧洲工商管理学院发起的,其最初目标是"找到更好地捕捉社会创新丰富性的指标和方法",因而评价指标关注的更多的是商业、环境、市场以及创意,反映国家科技竞争力的指标较少。

(三)《国家创新指数报告》

《国家创新指数报告》由中国科学技术发展战略研究院于 2010 年开始发布,至今已连续发布 7 版。《国家创新指数报告》选取了研发经费投入之和占全球总量的 95% 以上的 40 个科技创新活动活跃的国家作为研究对象,从创新资源、知识创造、企业创新、创新绩效和创新环境五个方面构建了国家创新能力的评价指标体系,从而对全球 40 个研发经费投入大国的创新能力进行比较研究(表 1.3)。

表 1.3　《国家创新指数报告》国家创新能力评价体系

一 级 指 标	二 级 指 标
创新资源	研究与发展经费投入强度
	研究与发展人力投入强度
	科技人力资源培养水平
	信息化发展水平
	研究与发展经费占世界比重
知识创造	学术部门百万研究与发展经费科学论文被引次数
	万名研究人员科技论文数
	知识密集型服务业增加值占 GDP 之比
	亿美元经济产出发明专利申请数
	万名研究人员发明专利授权数
企业创新	三方专利数占世界比重
	企业研究与发展经费与增值之比
	万名企业研究人员 PCT 专利申请数
	综合技术自主率
	企业研究人员占全部研究人员比重

续　表

一　级　指　标	二　级　指　标
创新绩效	劳动生产率 单位能源消耗的经济产出 有效专利数量占世界比重 高技术产业出口占制造业出口比重 知识密集型产业增加值占世界比重
创新环境	知识产权保护力度 政府规章对企业负担影响 宏观经济环境 当地研究与培训专业服务状况 反垄断政策效果 企业创新项目获得风险资本支持的难易程度 员工收入与效率挂钩程度 产业集群发展状况 企业与大学研究与发展协作程度 政府采购对技术创新影响

资料来源：中国科学技术发展战略研究院《国家创新指数报告2016—2017》，科学技术文献出版社，2017年。

从上表看，《国家创新指数报告》在"投入-产出"的分析框架下考虑创新产出规模与产出质量的统一，但与《国际科技竞争力研究报告》类似，其所建构的国家创新能力评价指数也主要是面向创新主体（企业、大学）创新能力的测度。另外，在具体评价指标中，也存在一部分主观性较强的指标。

三、中美科技竞争力评价体系构建

本书基于科技竞争力的内涵和相关理论，并立足中美科技竞争态势的实际情况，建构中美科技竞争力评价体系。

（一）构建原则

科学性原则。数据来源具有权威性，基本数据必须来源于中美两国国家官方统计和调查数据，或国际组织机构的数据库和研究报告，如世界银行（World Bank）、经合组织（OECD）、联合国商品贸易数据库（UN Comtrade

Database)等，以确保评价数据的准确性、权威性和持续性。

完整性原则。本报告的目标是全面刻画中美两国的科技竞争力，因而评价指标体系需要完整涵盖国家科技竞争力的全部要素构成，从而建构一个多层次、多要素的评价体系。

关键性原则。本报告的宗旨是直面中国在科技发展上与美国的差距，因此尽可能选取一些核心关键要素，用尽可能少、但有效性强的指标进行评价，以免指标过多，影响关键因素的作用。

整合性原则。充分借鉴已有的、成熟的、具有影响力的科技评价指标体系，尤其是相关国际科技评价报告建构的全球科技发展数据库，整合已有科技评价指标体系的优点和数据资源。

客观性原则。本报告指标选取的要求是"用数据支撑，以事实说话"，即尽可能用以官方统计数据为支撑的硬指标，不用带有主观评价性的软指标。

(二) 评价体系

充分借鉴已有的科技评价体系，遵循中美科技竞争力评价体系构建原则，本报告基于"投入-产出"分析框架，强调国家科技创新效率和科技全球影响力，经过多次征询专家意见，从科技人力资源竞争力、科技财力资源竞争力、科学研究竞争力、技术创新竞争力和科技国际化竞争力五个方面建构中美科技竞争力评价体系，涉及 21 个具体评价指标，以期客观准确地测度中美两国科技竞争力差异。

表 1.4　中美科技竞争力评价指标体系

目标层	一级指标	二　级　指　标	数　据　来　源
国家 科技 竞争力	科技人力 资源 竞争力	全时当量研究人员(万人年) 每千名劳动力全时当量研究人员(人年) 大学理工科毕业人数(千人) 诺贝尔获奖者人数(人)	UNESCO. http://data.uis.unesco.org/ UNESCO. http://data.uis.unesco.org/ UNESCO. http://data.uis.unesco.org/ http://www.nobelprize.com/

续 表

目标层	一级指标	二 级 指 标	数 据 来 源
国家科技竞争力	科技财力资源竞争力	R&D 投入总额（亿美元） R&D 投入占 GDP 比重（%） 全社会风险资本总量（美元）	OECD UNESCO wind 数据库
	科学研究竞争力	科技期刊论文总数（篇） 顶级期刊论文发文量（篇） 被引次数排名前 1% 的论文比重（%） 科技论文篇均引用次数（次）	https://incites.thomsonreuters.com/ http://www.webofscience.com/
	技术创新竞争力	PCT 专利申请量（件） 有效发明专利数（件） 知识与技术密集型产业增加值（百万美元） 知识与技术密集型产业增加值占 GDP 比重（%） 世界研发企业 1 000 强数量（个）	WIPO https://www.nsf.gov/statistics/2018/ 欧盟委员会世界研发 1 000 强企业排名
	科技国际化竞争力	技术出口总额（美元） 技术贸易出口额占进出口总额的比重（%） 高技术产品出口额（美元） 高科技产品占制成品出口比重（%） 国际合作论文占世界国际合作论文的比重（%）	WB. https://data.worldbank.org.cn https://incites.thomsonreuters.com/ http://apps.webofknowledge.com/

（三）评价方法

在已确定中美科技竞争力评价指标体系要素组成基础上，本报告采用常见的熵值法确定各评价指标的权重，以弱化主观赋权法的影响，然后利用熵权 TOPSIS(Technique for Order Preference by Similarity to an Ideal Solution，逼近于理想值的排序方法)方法对体系中各因子的影响进行赋权。

熵值法计算步骤为：

1. 构建原始指标数据矩阵：有 m 个研究单元，n 项评价指标，形成原

始指标数据矩阵 $X = (x_{ij})_{m \times n}$（$0 \leqslant i \leqslant m$，$0 \leqslant j \leqslant n$），$x_{ij}$ 为第 i 个单元第 j 个指标的指标值。

2. 数据标准化处理：

$$正向指标\ X'_{ij} = \frac{X_{ij} - \min\{X_j\}}{\max\{X_j\} - \min\{X_j\}},$$

$$负向指标\ X'_{ij} = \frac{\max\{X_j\} - X_{ij}}{\max\{X_j\} - \min\{X_j\}}。$$

3. 计算第 j 项指标下第 i 个国家指标值的比重：

$$Y_{ij} = \frac{X'_{ij}}{\sum_{i=1}^{m} X'_{ij}}。$$

4. 计算第 j 项指标的信息熵值：$e_j = -k \sum_{i=1}^{m} (Y_{ij} \times \ln Y_{ij})$。

5. 计算评价指标 j 的信息熵冗余度，即差异性系数：$d_j = 1 - e_j$。

6. 计算评价指标 j 的权重：$W_i = d_j / \sum_{j=1}^{n} d_j$。

7. 计算单项指标得分：$S_{ij} = W_i \times X'_{ij}$。

8. 计算第 i 个国家得分值：$S_i = \sum S_{ij}$。

熵权 TOPSIS 评价方法：

1. 构建 m 个事物 n 个评价指标的判断矩阵，令 C_1，C_2，…，C_n 为 n 个指标。A_1，A_2，…，A_m 为 m 个方案。a_{ij} 为方案 A_i 在指标 C_j 下的指标量大小，$i = 1, 2, …, m$；$j = 1, 2, …, n$，首先进行归一化处理。将判断矩阵 $R = (x_{ij})_{n \times m}$ 进行归一化处理，得到归一化判断矩阵 b_{ij}。

$$b_{ij} = \frac{x_{ij} - x_{\min}}{x_{\max} - x_{\min}}。 \tag{1}$$

公式(1)中，$x_{\max}$、$x_{\min}$ 分别为同指标下不同事物中最满意者或最不满意者。

2. 确定评价指标的熵：

$$H_j = -\frac{1}{\ln m}\left(\sum_{j=1}^{m} f_{ij} \ln f_{ij}\right), \tag{2}$$

$$f_{ij} = \frac{b_{ij}}{\sum_{j=1}^{m} b_{ij}}(i=1, 2, \cdots, n; j=1, 2, \cdots, m)。 \tag{3}$$

3. 计算熵权 ω：

$$\omega_j = \frac{1-H_j}{n - \sum_{j=1}^{n} H_j}, 且满足\sum_{j=1}^{n} \omega_j = 1。 \tag{4}$$

应用上述公式(1)—(4)，即可得出评价指标体系中各指标的权重值。

对构建的原始矩阵各指标值分别与对应指标最大值做商，即标准化处理，建立标准化矩阵 $V=(v_{ij})_{m \times n}$。需要说明的是，对于反向指标的标准化方法，需要进行调整，即先采用极大值减去所有值转换成正向指标，然后再做一次标准化。

4. 确定理想解 S^+ 与负理想解 S^-：

$$S^+ = \{S_j^+ = \max_{1 \leqslant i \leqslant m}(v_{ij})\}, j=1, 2, \cdots, n,$$

$$S^- = \{S_j^- = \min_{1 \leqslant i \leqslant m}(v_{ij})\}, j=1, 2, \cdots, n。$$

5. 计算各方案与理想解、负理想解的欧式距离：

$$sep_i^+ = \sqrt{\sum_{j=1}^{n}[\omega_j * (S_j^+ - r_{ij})]^2}, i=1, 2, \cdots, m。 \tag{5}$$

$$sep_i^- = \sqrt{\sum_{j=1}^{n}[\omega_j * (S_j^- - r_{ij})]^2}, i=1, 2, \cdots, m。 \tag{6}$$

公式(5)和公式(6)中，ω_j 为采用熵权法得到的权重。

6. 计算各方案与理想解的相对接近程度，即评价得分：

$$c_i = \frac{sep_i^-}{sep_i^+ + sep_i^-}, \; i = 1, 2, \cdots, m。 \tag{7}$$

最后对评价结果得分进行标准化处理，熵权 TOPSIS 采用客观评价法确定权重，评价重复性好，同时保留了 TOPSIS 法的优点。

四、中美科技竞争力比较

基于国家科技竞争力评价指标体系和熵权 TOPSIS 方法，本报告计算了 2004—2016 年中美两国科技竞争力及其五个子竞争力的得分值，从而能够直观了解中国科技发展与美国的差距。

（一）综合比较

中美两国综合科技竞争力呈持续收敛趋势，但目前差距仍相当明显。2004—2016 年，美国科技竞争力指数由 0.627 上升到 0.798，其间虽有小幅波动，但总体呈缓慢增长态势。同期，中国科技竞争力指数快速增长，由 0.061 增长到 0.494，与美国的差距逐年缩小。从中国与美国科技竞争力指数的比值来看，2016 年中国科技竞争力指数为美国的 61.9%。可见，中美科技竞争力的差距依然十分明显（表 1.5 和图 1.1）。

表 1.5　2004—2016 年中美两国科技竞争力指数比较

年份	中国	美国	中美比值（%）
2004	0.061	0.627	9.7
2005	0.095	0.647	14.7
2006	0.125	0.672	18.6
2007	0.148	0.685	21.6
2008	0.184	0.700	26.3
2009	0.193	0.665	29.0
2010	0.242	0.676	35.8
2011	0.281	0.702	40.0

续　表

年份	中国	美国	中美比值（%）
2012	0.330	0.709	46.5
2013	0.381	0.736	51.8
2014	0.414	0.775	53.4
2015	0.458	0.794	57.7
2016	0.494	0.798	61.9

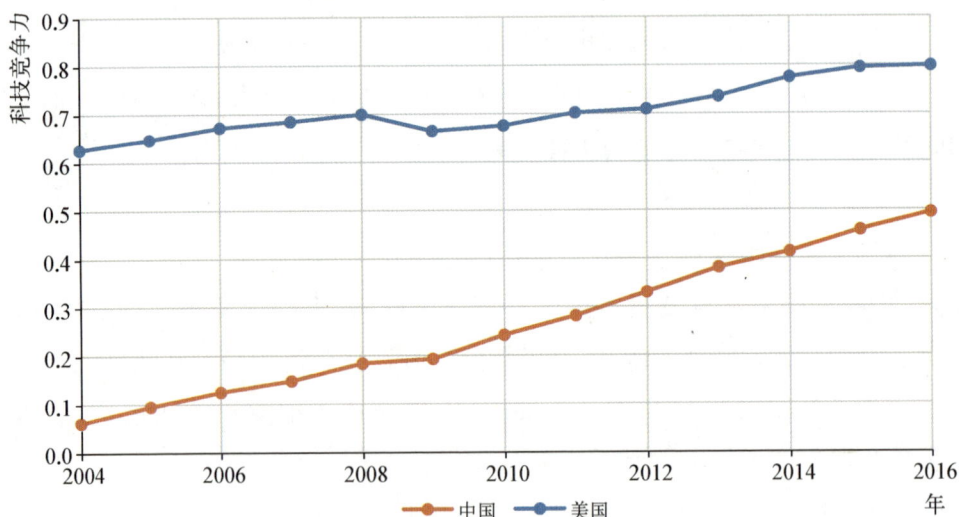

图 1.1　2004—2016 年中美两国科技竞争力指数比较

（二）科技人力资源竞争力比较

基于庞大的人口基数和快速发展的高等教育，中国科技人力资源竞争力快速追赶美国。2004—2016 年，中国科技人力资源竞争力总体呈现出快速上升的态势，从 2004 年的 0.027 上升至 2016 年的 0.532，但在时序动态上表现出较大的波动性。其中，在 2004—2008 年和 2009—2016 年这两个时间段内，中国科技人力资源竞争力呈现出迅猛上升的态势，而在 2008—2009 年则出现断层下跌的情形（中国对"全时当量研究人员数量"指标的统计在 2009 年采用了 OECD 的定义和标准，所以 2008 年和 2009 年产生明显的波动）；而美国科技人力资源竞争力则由 2004 年的 0.441 上升至 2016 年的 0.670,上升速度较缓。13 年间,中国在科技人力资源竞争力方面与美国的差距不断缩小。可以预见的是,如果中国科技人力资源竞争力继续保持高速增长态势,那么在未来几年将很快超越美国(表 1.6 和图 1.2)。

表 1.6　2004—2016 年中美两国科技人力资源竞争力指数比较

年份	中国	美国	中美比值(%)
2004	0.027	0.441	6.1
2005	0.126	0.445	28.3
2006	0.191	0.468	40.8
2007	0.291	0.473	61.5
2008	0.379	0.511	74.2
2009	0.235	0.555	42.3
2010	0.271	0.535	50.7
2011	0.333	0.580	57.4
2012	0.390	0.594	65.7
2013	0.433	0.631	68.6
2014	0.469	0.666	70.4
2015	0.505	0.663	76.2
2016	0.532	0.670	79.4

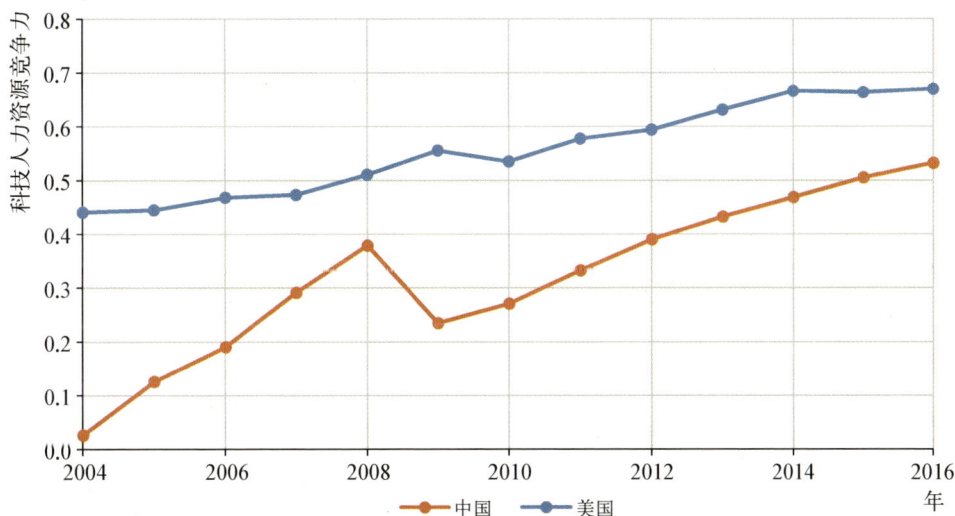

图 1.2　2004—2016 年中美两国科技人力资源竞争力指数比较

（三）科技财力资源竞争力比较

与中国经济持续增长过程相吻合，中国科技财力资源竞争力与美国的差距快速缩小。 2004—2016 年，中美两国的科技财力资源竞争力都呈现出上升趋势。其中，美国由 2004 年的 0.582 上升至 2016 年的 0.981，整体发展态势为波动上升；中国由 2004 年的 0.000 上升至 2016 年的 0.765，上升趋势较快，尤其是 2007 年后增长迅速。可见在科技财力资源竞争力上，中美差距在快速缩小，中国有反超美国之势（表 1.7 和图 1.3）。

表 1.7 2004—2016 年中美两国科技财力资源竞争力指数比较

年份	中国	美国	中美比值（%）
2004	0.000	0.582	0.0
2005	0.043	0.605	7.1
2006	0.077	0.655	11.8
2007	0.098	0.716	13.7
2008	0.154	0.762	20.2
2009	0.246	0.721	34.1
2010	0.325	0.718	45.3
2011	0.416	0.775	53.7
2012	0.506	0.748	67.6
2013	0.586	0.786	74.6
2014	0.642	0.914	70.2
2015	0.710	0.983	72.2
2016	0.765	0.981	78.0

（四）科学研究竞争力比较

由于高质量基础研究不足，中国科学研究竞争力仍远低于美国。 2004—2016 年，中美两国的科学研究竞争力均呈现上升趋势，其中美国上升趋势较缓，由 2004 年的 0.827 上升至 2016 年的 0.930；中国科学研究竞

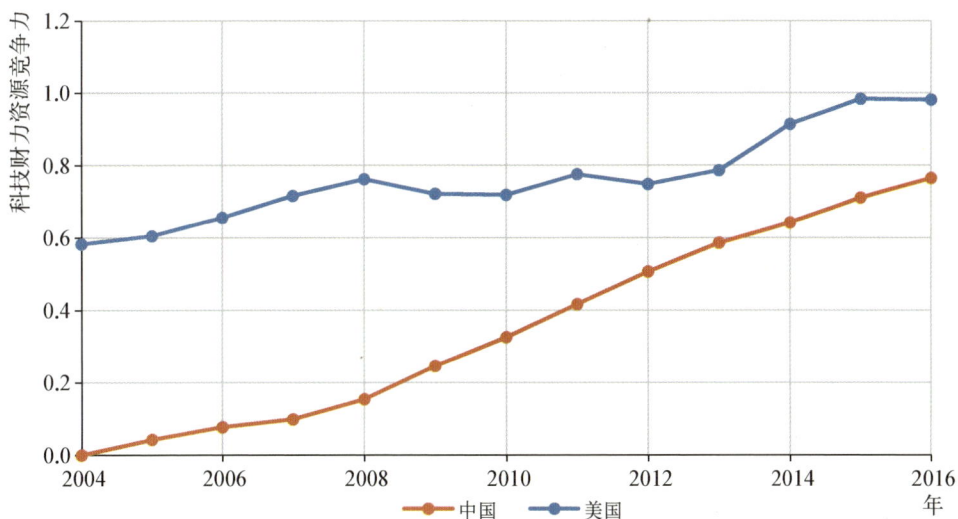

图 1.3　2004—2016 年中美两国科技财力资源竞争力指数比较

争力在这 13 年间呈现出较快的上升态势,由 2004 年的 0.001 上升至 2016 年的 0.483。中美两国在科学研究竞争力上的差距虽然逐年缩小,但差距仍然较大,美国依然保持较强的优势(表 1.8 和图 1.4)。

表 1.8　2004—2016 年中美两国科学研究竞争力指数比较

年份	中国	美国	中美比值(%)
2004	0.001	0.827	0.1
2005	0.017	0.840	2.0
2006	0.040	0.852	4.7
2007	0.078	0.838	9.3
2008	0.119	0.879	13.5
2009	0.157	0.881	17.8
2010	0.188	0.906	20.8
2011	0.226	0.927	24.4
2012	0.275	0.933	29.5
2013	0.333	0.942	35.4
2014	0.382	0.952	40.1
2015	0.432	0.948	45.6
2016	0.483	0.930	51.9

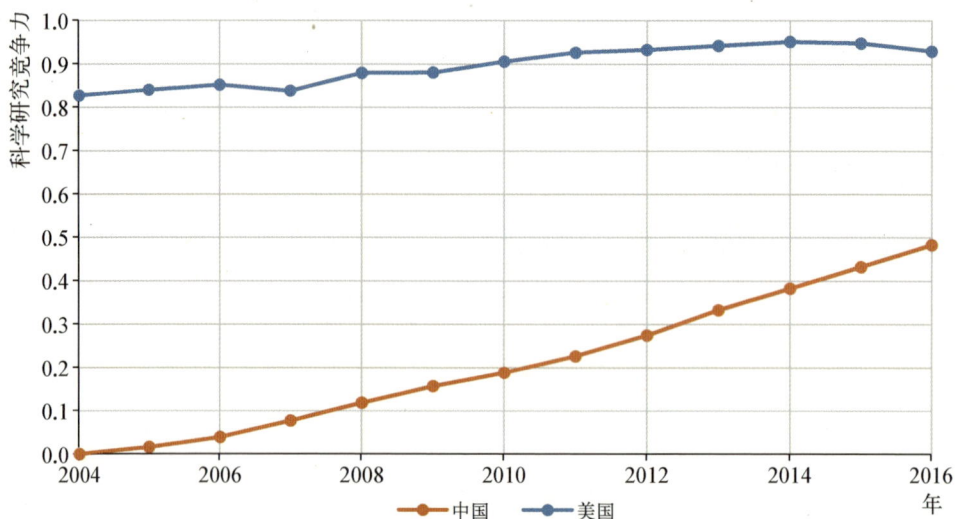

图 1.4　2004—2016 年中美两国科学研究竞争力指数比较

（五）技术创新竞争力比较

中国技术创新竞争力迅速上升，但目前仍显著落后于美国。2004—2016 年，中美两国的技术创新竞争力均呈现上升趋势，其中美国由 2004 年的 0.733 上升至 2016 年的 0.948，具有较强的竞争力；中国由 2004 年的 0.000 上升至 2016 年的 0.545，上升速度较快，尤其是 2006 年后增长迅速。从指数数值的对比看，中美两国技术创新竞争力的差距依然显著（表 1.9 和图 1.5）。

表 1.9　2004—2016 年中美两国技术创新竞争力指数比较

年份	中国	美国	中美比值（%）
2004	0.000	0.733	0.0
2005	0.012	0.765	1.6
2006	0.030	0.789	3.8
2007	0.070	0.793	8.8
2008	0.084	0.786	10.7
2009	0.107	0.775	13.8
2010	0.147	0.790	18.6

续 表

年份	中国	美国	中美比值(%)
2011	0.188	0.801	23.5
2012	0.231	0.841	27.5
2013	0.286	0.874	32.7
2014	0.362	0.916	39.5
2015	0.445	0.940	47.3
2016	0.545	0.948	57.5

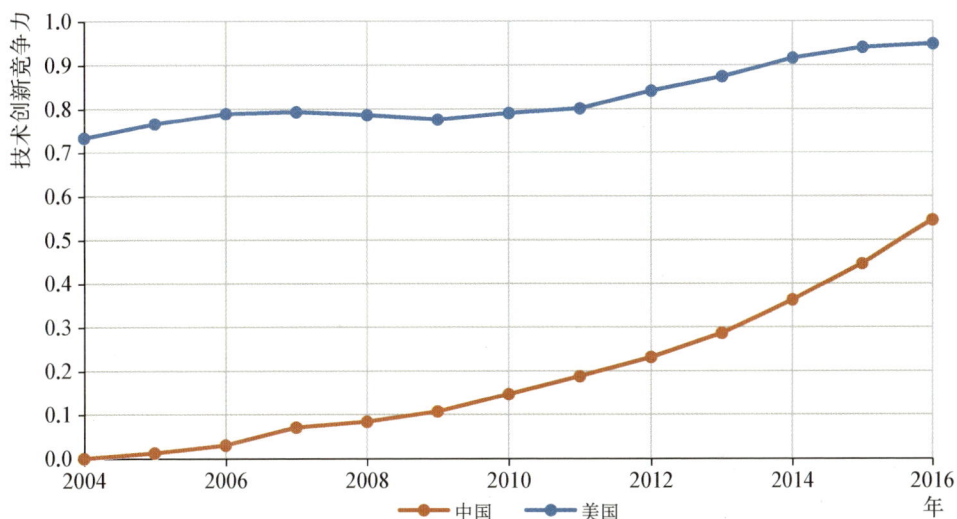

图 1.5 2004—2016 年中美两国技术创新竞争力指数比较

(六) 科技国际化竞争力比较

中国科技国际化竞争力增长缓慢,与美国的差距十分明显。2004—2016 年,中美两国在科技国际化竞争力上呈现出不一致的发展趋势,其中美国科技国际化竞争力在这 13 年间经历了较大的波动过程,尤其在 2008—2009 年,出现"断崖式"的下降过程。而在随后的时间里,美国科技国际化竞争力逐步恢复,至 2016 年,基本上升至其在 2008 年的水平。而中国科技国际化竞争力虽在这 13 年间也出现频率较高的波动过程,但整体呈上升的态势，由 2004 年的 0.189 上升至 2016 年的 0.314。由此可见，在美国的断崖下降和中国的波动上升态势下，中美两国在科技国际化竞争力上的差距呈缩小态势，但近年有扩大趋势（表 1.10 和图 1.6）。

表 1.10 2004—2016 年中美两国科技国际化竞争力指数比较

年份	中国	美国	中美比值（%）
2004	0.189	0.537	35.2
2005	0.213	0.563	37.8
2006	0.235	0.584	40.2
2007	0.199	0.600	33.2
2008	0.211	0.585	36.1
2009	0.225	0.474	47.5
2010	0.284	0.495	57.4
2011	0.287	0.512	56.1
2012	0.315	0.511	61.6
2013	0.349	0.533	65.5
2014	0.328	0.547	60.0
2015	0.335	0.565	59.3
2016	0.314	0.582	54.0

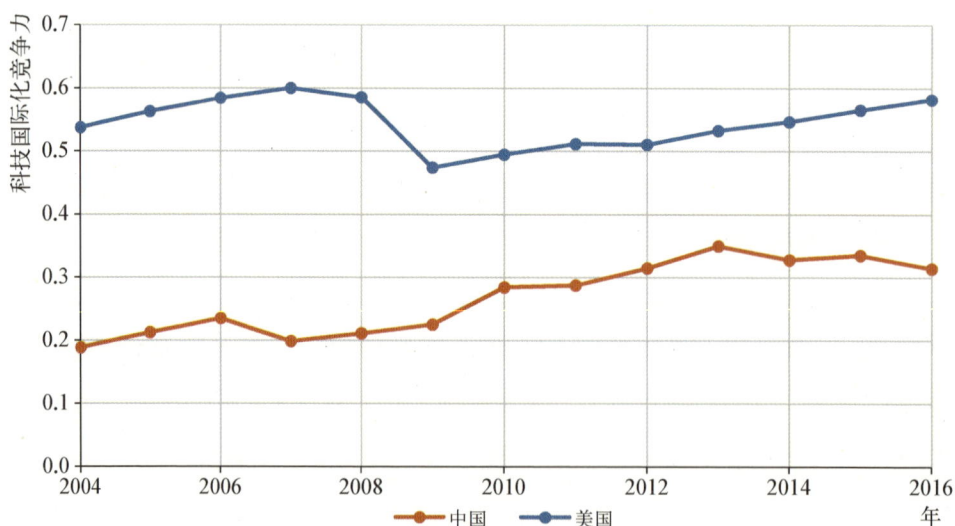

图 1.6 2004—2016 年中美两国科技国际化竞争力指数比较

五、本章小结

在梳理科技竞争力相关概念及理论的基础上,本报告对科技竞争力的内涵进行了界定,并借鉴已有相关科技评价指标体系,从科技人力资源竞争力、科技财力资源竞争力、科学研究竞争力、技术创新竞争力和科技国际化竞争力等五个方面建构了中美科技竞争力评价体系,从而对中美两国的科技竞争力进行了比较。结果发现,无论是整体竞争力还是五个子竞争力,中国都与美国存在不小差距,中国科技竞争力仍显著落后于美国,中国科技发展任重道远。

第二章

中美科技人力资源比较

　　人才是支撑科技发展的第一资源。中国虽已成长为科技人力资源规模最大的国家，但在人才质量方面仍落后于发达国家。美国是全球科技人力资源规模和质量皆较高的国家，其人才结构合理，人才开发效率较高。本章采用联合国教科文组织（UNESCO）、科睿唯安（Clarivate Analytics）、美国国家教育统计中心（National Center for Education Statistics）和中国教育部公布的相关数据，选择科技人力资源关键指标，对比分析中美两国科技人力资源的差异，力求清晰把握中国在科技人力资源竞争力的国际地位，明晰未来发展方向。

一、全时当量研究人员

　　研究人员是国家科技创新发展的主力,其规模大小直接反映了一国科技人力资源的基础竞争力大小。本节将从全时当量研究人员数量和每千名劳动力全时当量研究人员数量两个指标,比较分析中美两国全时当量研究人员的差异。

（一）全时当量研究人员数量

　　中国是目前世界上全时当量研究人员数量最多的国家,且相对于美国的优势在巩固扩大。2000—2016 年,中美两国全时当量研究人员数量虽然都呈现出增长的态势,但速率不一。其中,中国在这 17 年间增长态势迅猛,虽然在 2008—2009 年由于数据采集标准更换(2008 年及其之前采用国内统计标准;2009 年及其之后采用 OECD 统计标准)导致前后变化异常,但在 2010 年再次超越美国后,迅速拉开与美国的差距。至 2016 年,中国全时当量研究人员数量已达到 169.2 万人年,年均增长率达到 5.7％;而美国全时当量研究人员数量在这期间增长缓慢,从 2000 年的 98.3 万人年增长到 2015 年的 138.0 万人年(2016 年数据缺失),年均增长率仅为 2.3％。同时,相较于其他主要发达国家,中国在全时当量研究人员数量上也远远超过日本、德国、英国、法国等国,成为当前世界全时当量研究人员数量最多的国家(表 2.1 和图 2.1)。

表2.1 2000—2016 年中美两国全时当量研究
人员数量比较(单位：万人年)

年份	中国	美国
2000	69.5	98.3
2001	74.3	101.3
2002	81.1	104.7
2003	86.2	112.6
2004	92.6	110.5
2005	111.9	110.1
2006	122.4	113.0
2007	142.3	113.4
2008	159.2	119.1
2009	115.2	125.1
2010	121.1	119.9
2011	131.8	125.3
2012	140.4	126.4
2013	148.4	130.6
2014	152.4	135.2
2015	161.9	138.0
2016	169.2	/

注：美国 2016 年数据缺失;数据来源于 UNESCO。

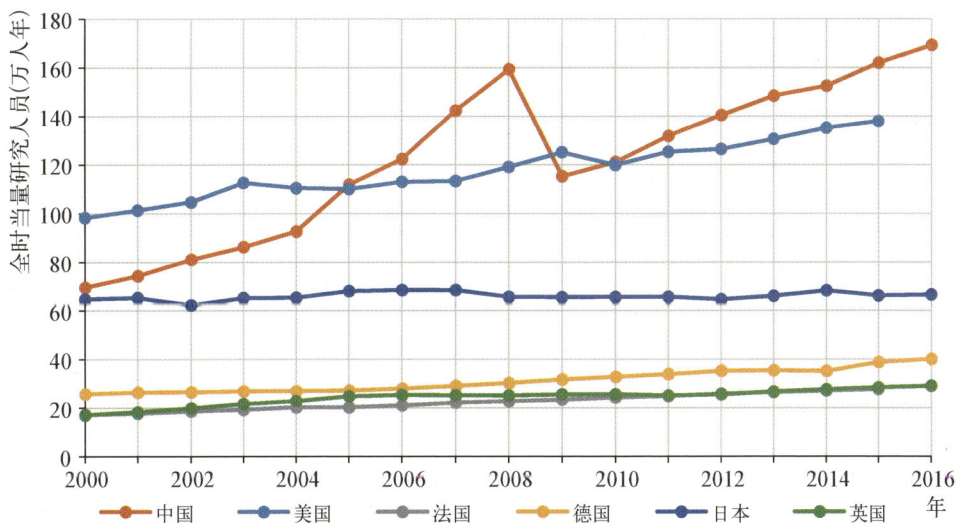

图 2.1 2000—2016 年中美两国及其他主要发达国家全时当量研究人员数量比较

数据来源：UNESCO

（二）每千名劳动力全时当量研究人员数量

中国每千名劳动力全时当量研究人员数量远低于美国,且差距十分显著。2000—2016 年,中美两国每千名劳动力全时当量研究人员数量分别从 2000 年的 0.9 人和 6.7 人增加到 2016 年的 2.1 人和 2015 年的 8.6 人(美国 2016 年数据缺失)。虽然中国年均增长率达到 5.4%,远高于美国的 1.7%,但中国每千名劳动力全时当量研究人员数量仍显著低于美国。同时,对比其他主要发达国家发现,日本每千名劳动力全时当量研究人员数量在这 17 年间持续稳定在 10 人左右,位居第一;法国、德国、英国的每千名劳动力全时当量研究人员数量与美国基本处在同一水平;而中国由于人口基数大,其每千名劳动力全时当量研究人员数量与这些国家差距十分明显,处于很低水平(表 2.2 和图 2.2)。

表 2.2　2000—2016 年中美两国每千名劳动力全时
当量研究人员数量比较(单位:人)

年份	中国	美国
2000	0.9	6.7
2001	1.0	6.9
2002	1.1	7.1
2003	1.1	7.6
2004	1.2	7.4
2005	1.4	7.2
2006	1.6	7.4
2007	1.8	7.3
2008	2.0	7.6
2009	1.5	8.0
2010	1.5	7.7
2011	1.7	8.0
2012	1.8	8.0
2013	1.9	8.2
2014	1.9	8.5
2015	2.0	8.6
2016	2.1	/

注:美国 2016 年数据缺失;数据来源于 UNESCO。

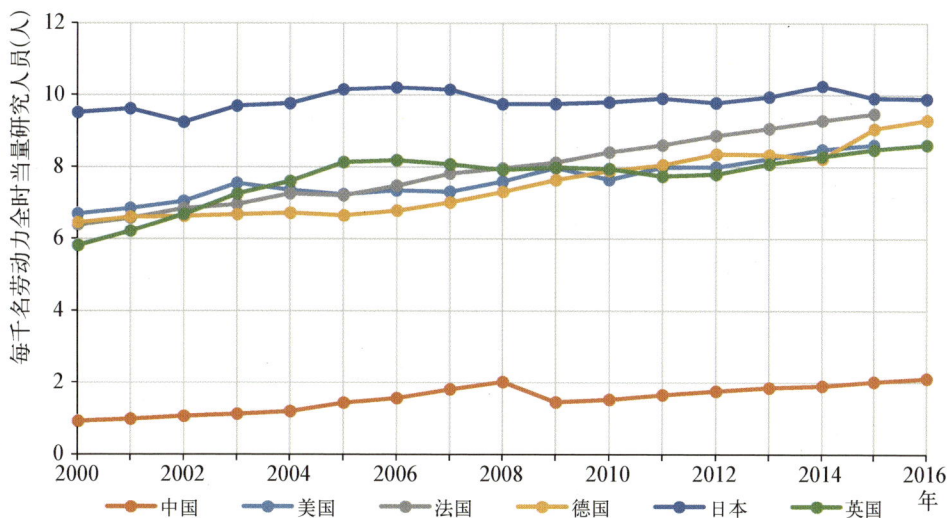

图 2.2　2000—2016 年中美两国及其他主要发达国家每千名
劳动力全时当量研究人员数量比较

数据来源：UNESCO

二、高被引科学家

高被引科学家是具有世界级影响力的科学家，其数量是衡量一个国家科技发展水平和科技创新能力的最重要指标之一。本节从高被引科学家数量、高被引科学家数量全球占比和高被引科学家学科分布三个指标，比较分析中美两国高被引科学家的差异。

（一）高被引科学家数量

中国高被引科学家数量远低于美国。由于数据来源受限，本报告仅获取到 2013—2016 年四年间中美两国及法国、德国、日本、英国四个国家的高被引科学家数量数据。从这四年的数据中发现，美国高被引科学家数量持续保持在 1 500 人以上，显著高于中国及其他四个国家；中国高被引科学家数量虽然从 2013 年的 144 人增长至 2016 年的 249 人，且在 2016 年超越德国后位居六国中第三位,但与美国差距仍然很大(表2.3和图2.3)。

表2.3 2013—2016年中美两国高被引科学家数量比较(单位:人)

年份	中国	美国
2013	144	1 695
2014	144	1 548
2015	185	1 529
2016	249	1 644

数据来源:Clarivate Analytics

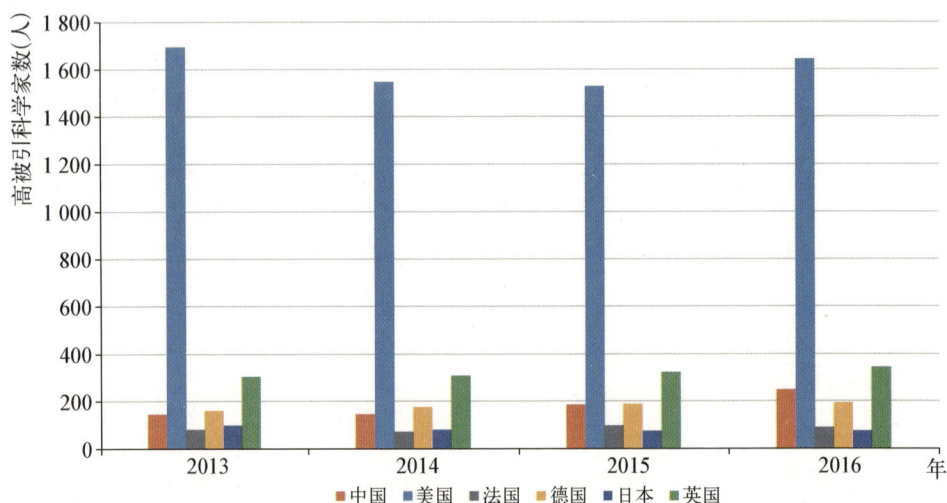

图2.3 2013—2016年中美两国及其他主要发达国家高被引科学家数量比较

数据来源:Clarivate Analytics

(二)高被引科学家全球占比

美国高被引科学家数量全球占比接近50%,远超中国的7%,但中国相对进步明显。2013—2016年,美国高被引科学家占全球总量的比重接近一半,远超中国和其他国家,但美国呈现出逐年下降的趋势,从2013年的52.7%下降至2016年的46.5%。相比之下,中国高被引科学家数量全球占比虽然较低,但呈现出逐年上升的趋势,由2013年的4.5%增长至2016年的7.0%,超越德国,跃居世界第三(表2.4和图2.4)。

表 2.4　2013—2016 年中美两国高被引科学家
数量全球占比比较（单位：％）

年份	中国	美国
2013	4.5	52.7
2014	4.6	49.5
2015	5.7	46.8
2016	7.0	46.5

数据来源：Clarivate Analytics

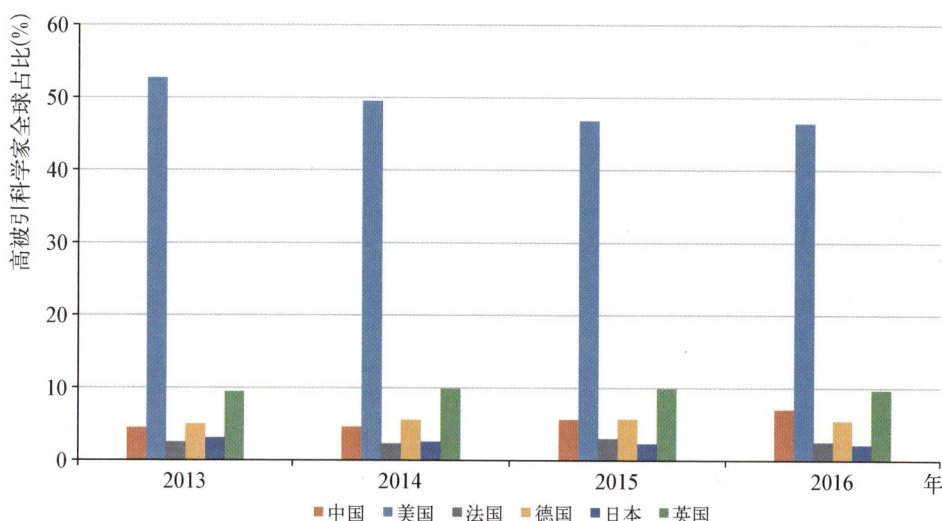

图 2.4　中美两国及其他主要发达国家高被引科学家全球占比比较

数据来源：Clarivate Analytics

（三）高被引科学家的学科分布

中国高被引科学家的学科领域分布比较单一，而美国较为全面。从 2016 年中美两国高被引科学家的学科领域分布来看，在 19 个学科领域中，中国仅在工程科学这一个学科领域以 51 人的高被引科学家数量超过美国（26 人），而在其他学科领域均远低于美国。特别是在药理学与毒物学、空间科学、免疫学、精神病学/心理学、临床医学等五个学科领域，中国的高被引科学家数量为 0，与美国差距巨大。美国在这五个学科领域都拥有较多的高被引科学家,如临床医学是美国高被引科学家数量最多的学科,其人数达到 210 人(表 2.5 和图 2.5)。

表 2.5　2016 年中美两国不同学科领域高被引
科学家数量比较(单位：人)

学 科 领 域	中国	美国
临床医学	0	210
生物学与生物化学	3	126
神经科学与行为学	3	117
物理学	14	106
分子生物学与遗传学	3	96
化学	55	86
精神病学/心理学	0	86
微生物学	5	84
免疫学	1	82
环境/生态学	2	66
植物学与动物科学	7	65
地球科学	11	64
空间科学	0	60
计算机科学	22	56
药理学与毒物学	1	54
材料科学	44	45
农业科学	9	44
工程科学	51	26
数学	15	22

数据来源：Clarivate Analytics

三、诺贝尔奖获得者

诺贝尔奖,尤其是三大自然科学奖(物理学奖、化学奖、生理学或医学奖),是当今全球自然科学领域内最重要的奖项,一个国家的诺贝尔奖获得者数量被看作是该国科技实力的象征。本节将从 1980 年以来中美两国诺贝尔奖三大自然科学奖获得者总数及领域分布这两个指标,比较分析中国与美国及其他主要国家诺贝尔奖获得者的差异。

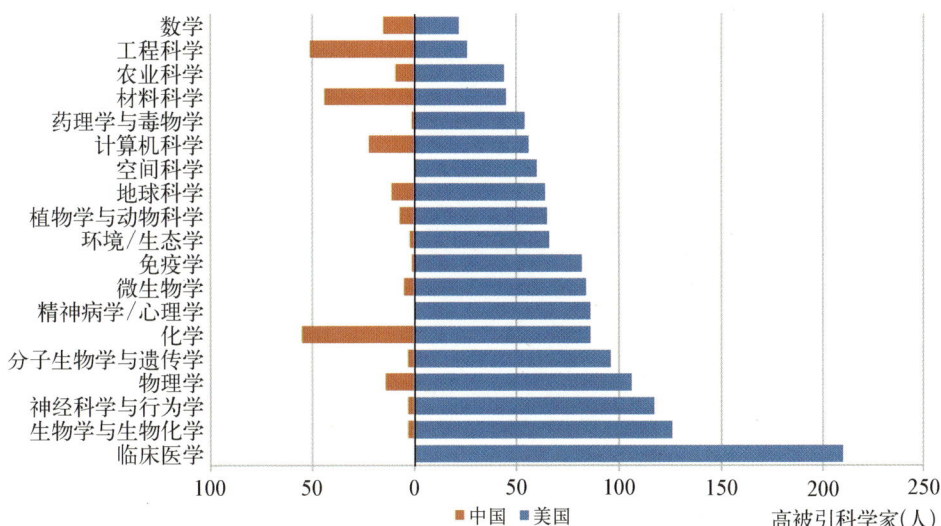

图 2.5　2016 年中美两国不同学科领域高被引科学家数量比较

数据来源：Clarivate Analytics

（一）诺贝尔奖获得者总数

美国是全球诺贝尔奖获得者人数最多的国家，中国实现"零"的突破。
1980 年以来，美国几乎每年都有科学家获得诺贝尔奖（除 1991 年）。至 2018
年，美国已有 167 位科学家获得诺贝尔奖，年均获奖人数达到 4.4 人，尤其是
在 2017 年，美国有 7 位科学家获得诺贝尔奖。而中国在诺贝尔奖方面仅在
2015 年由屠呦呦获得诺贝尔生理学或医学奖，实现了中国在诺尔贝三大自然
科学奖上"零"的突破。中国与其他发达国家也存在巨大差距（表 2.6）。

表 2.6　1980—2017 年中美两国及其他主要发达国家诺贝尔
三大自然科学奖新增及累计人数比较（单位：人）

年份	中国		美国		法国		德国		日本		英国	
	新增	累计	新增	累计	新增	累计	新增	累计	新增	累计	新增	累计
1980—2000	0	0	88	88	5	5	0	0	2	2	7	7
2001	0	0	5	93	0	5	0	0	1	3	2	9
2002	0	0	5	98	0	5	0	0	2	5	1	10
2003	0	0	5	103	0	5	0	0	0	5	1	11
2004	0	0	6	109	0	5	0	0	0	5	0	11

续　表

年份	中国		美国		法国		德国		日本		英国	
	新增	累计	新增	累计	新增	累计	新增	累计	新增	累计	新增	累计
2005	0	0	4	113	1	6	1	1	0	5	0	11
2006	0	0	5	118	0	6	0	1	0	5	0	11
2007	0	0	2	120	1	7	2	3	0	5	1	12
2008	0	0	4	124	2	9	1	4	2	7	0	12
2009	0	0	6	130	0	9	0	4	0	7	2	14
2010	0	0	2	132	0	9	0	4	1	8	3	17
2011	0	0	4	136	1	10	0	4	0	8	0	17
2012	0	0	3	139	1	11	0	4	1	9	1	18
2013	0	0	6	145	1	12	0	4	0	9	1	19
2014	0	0	4	149	0	12	2	6	2	11	1	20
2015	1	1	3	152	0	12	0	6	2	13	1	21
2016	0	1	4	156	1	13	0	6	1	14	0	21
2017	0	1	7	163	0	13	0	6	0	14	1	22
2018	0	1	4	167	1	14	0	6	1	15	1	23

数据来源：https://www.nobelprize.org/

（二）不同领域诺贝尔奖获得者数量

1980 年以来，从诺贝尔物理学奖、化学奖、生理学或医学奖获奖者国别分布来看，**美国在这三个领域的获奖人数均远超其他国家**，至 2018 年分别达到 57 人、55 人和 55 人。英国诺贝尔物理学奖、化学奖、生理学或医学奖获奖人数分别为 4 人、8 人、11 人，位居世界第二位。而中国仅有 1 人获得诺贝尔生理学或医学奖，在物理学奖和化学奖两个领域目前尚未实现"零"的突破（表 2.7）。

表 2.7　1980 年以来中美两国及其他主要发达国家分领域
诺贝尔奖获得者数量比较（单位：人）

国家	物理学奖	化学奖	生理学或医学奖	总计
中国	0	0	1	1
美国	57	55	55	167
法国	6	4	4	14
德国	2	3	1	6
日本	6	4	5	15
英国	4	8	11	23

数据来源：https://www.nobelprize.org/

四、科学与工程领域毕业生

科学与工程领域毕业生作为科技研究人员的后备军和新生力量，是衡量一国科技发展潜力的重要指标。本节将从科学与工程领域学士学位授予数、博士学位授予数两个指标，对比分析中美两国在科学与工程领域毕业生方面的差异。

（一）学士学位授予数

中国科学与工程学士学位授予数远超美国，且优势逐年扩大。 2000—2014 年，虽然中美两国科学与工程领域学士学位授予数均呈现上升趋势，但速度差别较大。其中，中国由 2000 年的 359.5 千人快速增长至 2014 年的 1 653.6 千人，年均增长率高达 11.5%；美国则由 2000 年的 483.8 千人缓慢增长至 2014 年的 741.8 千人，年均增长率仅为 3.1%。中国由最初低于美国、至 2004 年实现反超之后，迅速拉大与美国的差距，至 2014 年，中国科学与工程领域学士学位授予数已比美国多出 911.8 千人（表 2.8 和图 2.6）。

表 2.8　2000—2014 年中美两国科学与工程领域学士
学位授予数比较（单位：千人）

年份	中国	美国
2000	359.5	483.8
2001	337.4	487.4
2002	384.5	508.3
2003	533.6	538.3
2004	672.5	555.6
2005	796.4	568.4
2006	911.8	578.1
2007	1 031.9	586.1
2008	1 143.3	598.5
2009	1 225.6	609.0
2010	1 289.0	630.3
2011	1 387.4	659.8

续　表

年份	中国	美国
2012	1 500.7	694.0
2013	1 559.8	719.7
2014	1 653.6	741.8

数据来源：UNESCO

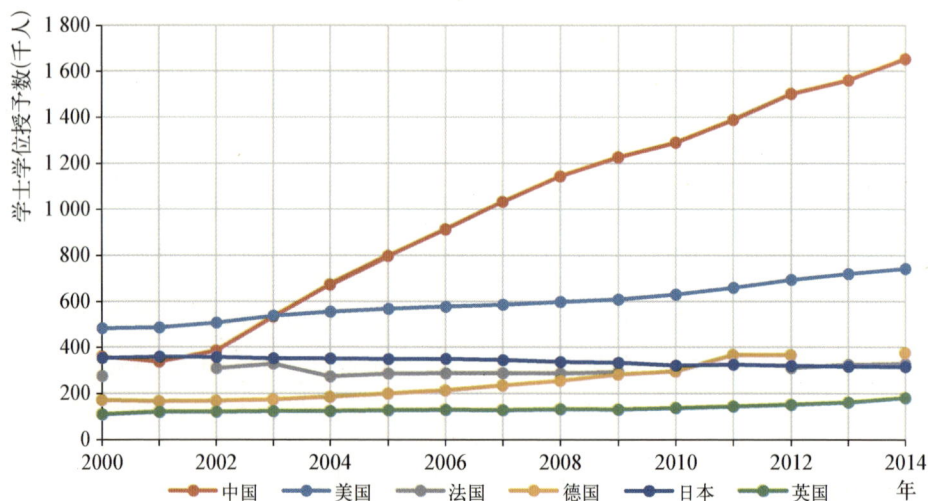

图 2.6　2000—2014 年中美两国及其他主要发达国家科学与
工程领域学士学位授予数比较

数据来源：UNESCO

　　中美两国科学与工程学士学位授予的专业差异也较为明显。15 年间，**中国学位授予数最多的专业是工程学，**其次是物理、生物科学、数学和统计学，社会/行为科学和农业科学所占比例较少；**美国学位授予数最多的专业是社会/行为科学，**其次是物理、生物科学、数学和统计学，工程学和农业科学所占比例较少。从各个学科专业的增长趋势来看，中国工程学的学位授予数增长最为显著，从 2000 年的 219.6 千人增长至 2014 年的 1 132.2 千人。年均增长率为 12.4%；其次是物理、生物科学、数学和统计学，从 2000 年的 49.2 千人增长至 2014 年的 255.3 千人，年平均增长率为 12.5%；农业科学和社会/行为科学的年平均增长率分别为 8.5% 和 7.2%。美国增长最快的是物理、生物科学、数学和统计学，从 2000 年的 101.1 千人增长至 2014 年的 177.0 千人，年平均增长率达到 4.1％；其次是社会/行为科学，从 2000 年的 242.6 千人增长至 2014 年的 364.4 千人，年平均增长率为 2.9％；工程学和农业科学的年平均增长率分别为 2.6％和 1.2％（图 2.7 和图 2.8）。

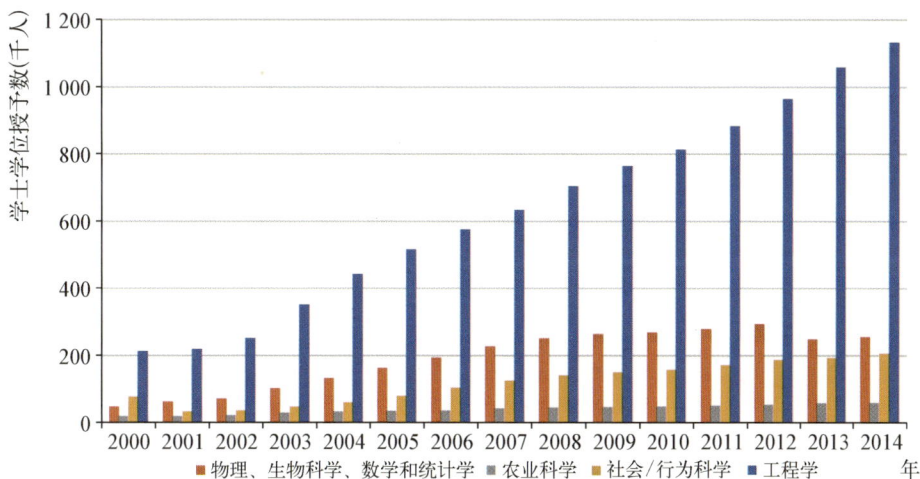

图 2.7　2000—2014 年中国科学与工程领域各专业学士学位授予数

数据来源：UNESCO

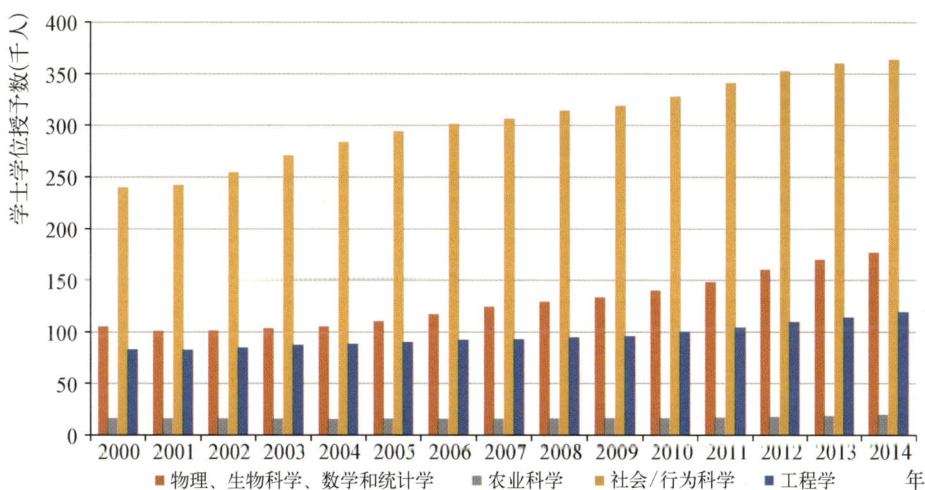

图 2.8　2000—2014 年美国科学与工程领域各专业学士学位授予数

数据来源：UNESCO

（二）博士学位授予数

中国在科学与工程领域的博士学位授予数量多于美国，但领先优势不太明显。 2000—2014 年，中国科学与工程领域博士学位授予数由 2000 年的 7.3 千人快速增长至 2014 年的 31.8 千人，年均增长率达到 11.1％；美国则由 2000 年的 17.5 千人缓慢增长至 2014 年的 29.8 千人，年均增长率仅为 3.9％。中国科学与工程领域博士学位授予数也由最初低于美国、至 2007 年实现反超之后，逐渐拉开与美国的差距。但近年来，美国科学与工程领域博士学位授予数增长较快，与中国的差距正在不断缩小（表 2.9 和图 2.9）。

表 2.9　2000—2014 年中美两国科学与工程领域
博士学位授予数比较（单位：千人）

年份	中国	美国
2000	7.3	17.5
2001	7.5	17.3
2002	8.7	16.6
2003	11.0	17.7
2004	13.5	18.8
2005	16.0	20.4
2006	20.9	22.3
2007	24.4	24.2
2008	26.2	25.0
2009	29.0	25.3
2010	29.0	25.1
2011	29.8	26.1
2012	30.0	27.2
2013	31.2	28.3
2014	31.8	29.8

数据来源：UNESCO

五、国际留学生

国际留学生是衡量一国对外科技交流和科技人员国际化的重要指标，

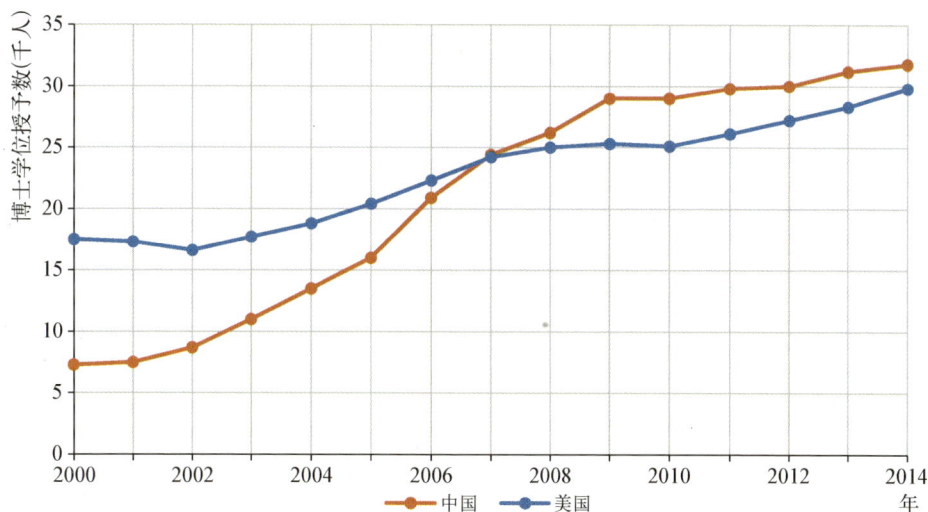

图 2.9　2000—2014 年中美两国科学与工程领域博士学位授予数比较
数据来源：UNESCO

在招收国际留学生规模、派遣留学生规模、国际留学生学历结构、国际留学生专业结构等方面中美两国都存在显著差异。

（一）招收国际留学生规模

美国是世界最大的留学目的地国，其招收的国际留学生规模远超中国，且差距呈扩大趋势。2001—2015 年，中美两国招收的国际留学生规模都呈快速上升趋势，分别由 2001 年的 6.2 万人和 44.9 万人增长至 2015 年的 39.7 万人和 88.9 万人。虽然中国的年均增速高达 14.2％，远超美国的 5.0％，但由于基数差距过大，美国招收的国际留学生规模仍远大于中国（表 2.10 和图 2.10）。

表 2.10　2001—2015 年中美两国招收国际留学生规模比较（单位：万人）

年份	中国	美国
2001	6.2	44.9
2002	8.5	55.3
2003	7.8	58.5

续　表

年份	中国	美国
2004	11.1	56.8
2005	14.1	58.8
2006	16.3	58.4
2007	19.5	59.5
2008	22.3	62.4
2009	23.8	66.0
2010	26.5	65.8
2011	29.2	70.9
2012	32.8	74.0
2013	35.6	76.3
2014	37.7	82.2
2015	39.7	88.9

数据来源：UNESCO

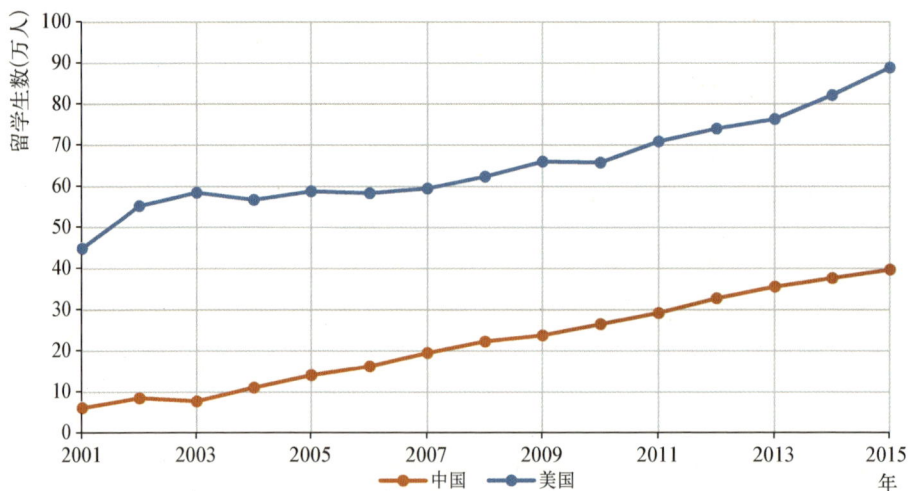

图 2.10　2001—2015 年中美两国招收国际留学生规模比较

数据来源：UNESCO

（二）派遣国际留学生规模

中国是全球最大的留学生来源国，其向外派遣国际留学生规模远超美国，且差距不断扩大。2001—2015 年，中国派遣留学生规模一直高于美国，且快速扩大，由 2001 年的 13.2 万人增长至 2015 年的 81.4 万人。而美国派遣留学生规模在这 15 年间增长较缓,仅由 2001 年的 3.9 万人增长至 2015 年的 8.4 万人,年均增速仅为 5.6%。2015 年,中国派遣留学生数量约为美国的 10 倍(表 2.11 和图 2.11)。

表 2.11　2001—2015 年中美两国派遣国际留学生规模比较(单位:万人)

年份	中国	美国
2001	13.2	3.9
2002	20.2	5.2
2003	30.7	4.7
2004	36.1	5.0
2005	39.6	5.4
2006	38.6	5.5
2007	42.8	6.3
2008	45.8	6.6
2009	51.5	6.9
2010	55.7	6.8
2011	63.1	7.2
2012	66.7	7.6
2013	69.1	7.9
2014	70.8	7.5
2015	81.4	8.4

数据来源:UNESCO

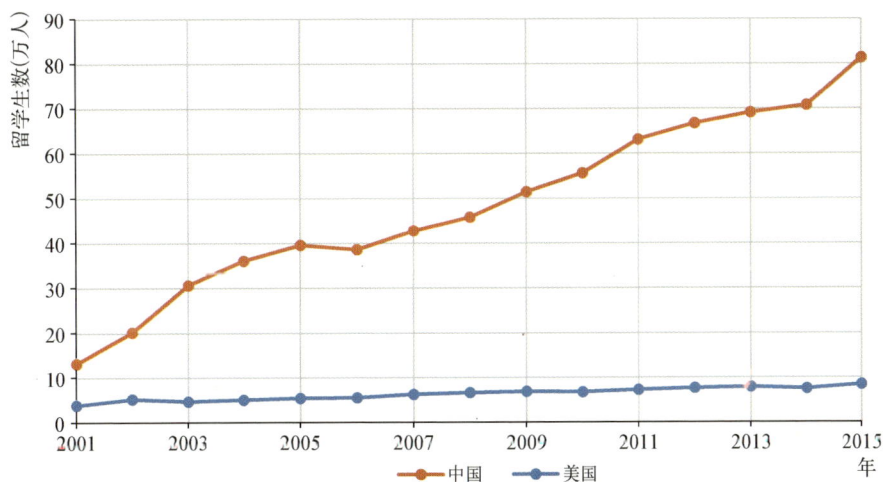

图 2.11　2001—2015 年中美两国派遣国际留学生规模比较

数据来源:UNESCO

（三）国际留学生学历结构

在本科生、硕士研究生和博士研究生三个学历阶段上，中国招收的国际留学生规模均显著低于美国。2003 年，美国招收的国际留学本科生、硕士研究生和博士研究生数量分别为 17.9 万人、14.2 万人和 10.0 万人，分别占其招收的国际学历留学生总数的 42.4%、33.8% 和 23.8%；同年，中国招收的国际留学生本科生、硕士研究生和博士研究生数量分别为 1.9 万人、0.3 万人和 0.2 万人，三者占其招收的国际学历留学生总数的比例分别为 79.3%、13.9% 和 6.7%。与美国相比，中国招收的本科留学生比重较高，而硕士留学生和博士留学生比重较小。2015 年，美国招收的国际留学生本科生、硕士研究生和博士研究生数量分别为 34.9 万人、23.3 万人和 12.3 万人，三者占其招收的国际学历留学生总数的比例分别达到 49.5%、33.1% 和 17.4%，相较于 2003 年，本科生占比有所升高，而博士研究生占比下降明显。同年，中国招收的本科国际留学生、硕士国际留学生和博士留学生分别快速增长至 12.8 万人、3.9 万人和 1.4 万人，三者所占其招收的国际学历留学生总数的比例分别为 70.5%、21.6% 和 7.9%，相较于 2003 年，本科国际留学生比重有所下降，而硕士留学生和博士留学生比重略有升高。但中国招收的国际留学生规模在三个学历阶段上均显著低于美国（图 2.12 和图 2.13）。

（四）国际留学生专业结构

从中美两国留学生的专业结构来看，两国差异也较显著，汉语言是来华留学生选择最多的专业，而工程、商业与管理等是在美留学生选择最多的专业。2015 年来华留学生学习汉语言专业的人数占来华留学生总数的 46.2%，且平均每年以 10.7% 的速度在增加；其次是西医（11.6%）、工科（10.0%）、文学（8.1%）、经济学（7.8%）、管理学（7.2%）、中医（3.1%）、法学（2.4%）、教育（1.3%）、理科（1.2%）、农科（0.7%）、历史（0.3%）、哲学（0.1%）。工程是 2015 年在美留学生选择最多的专业，占到在美留学生总数

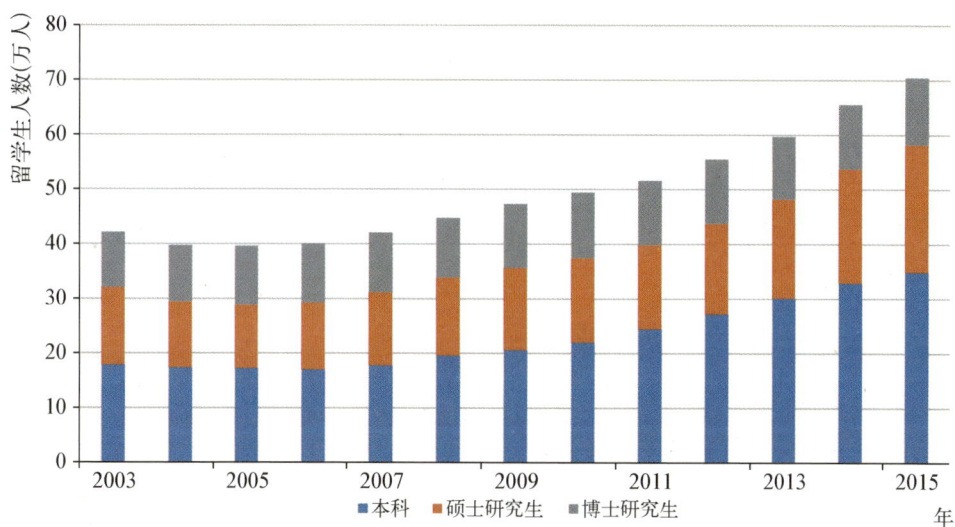

图 2.12　2003—2015 年美国招收留学生不同学历占比

数据来源：美国国家教育统计中心（National Center for Education Statistics）

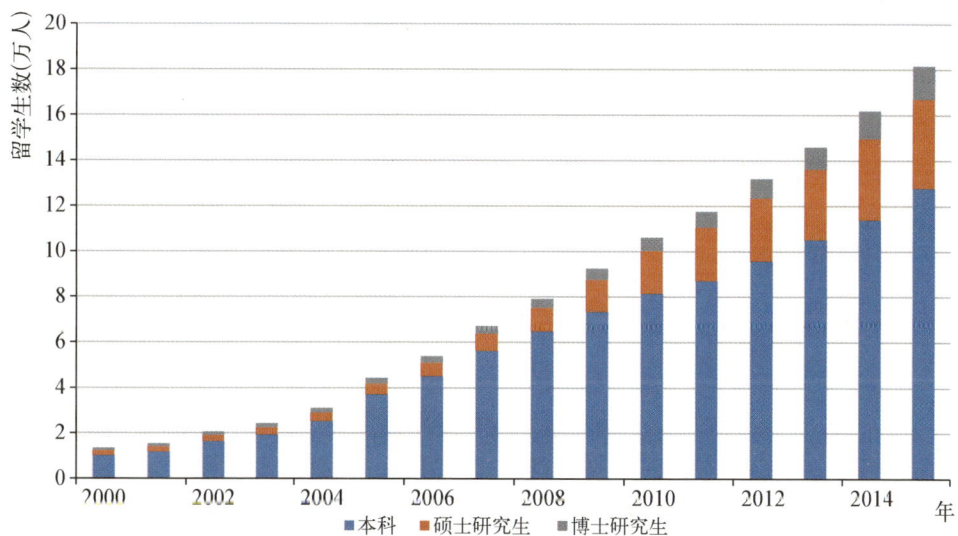

图 2.13　2000—2015 年来华留学生不同学历占比

数据来源：中国教育部国际合作与交流司来华留学生简明统计

的 24.1%，其次是商业与管理(22.3%)、数学与计算机科学(15.7%)、社会科学(9.0%)、生理与生命科学(8.4%)、美术与应用艺术(6.6%)、英语(4.5%)、卫生(3.8%)、教育(2.2%)、人文科学(2.0%)、农业(1.4%)(图2.14和图2.15)。

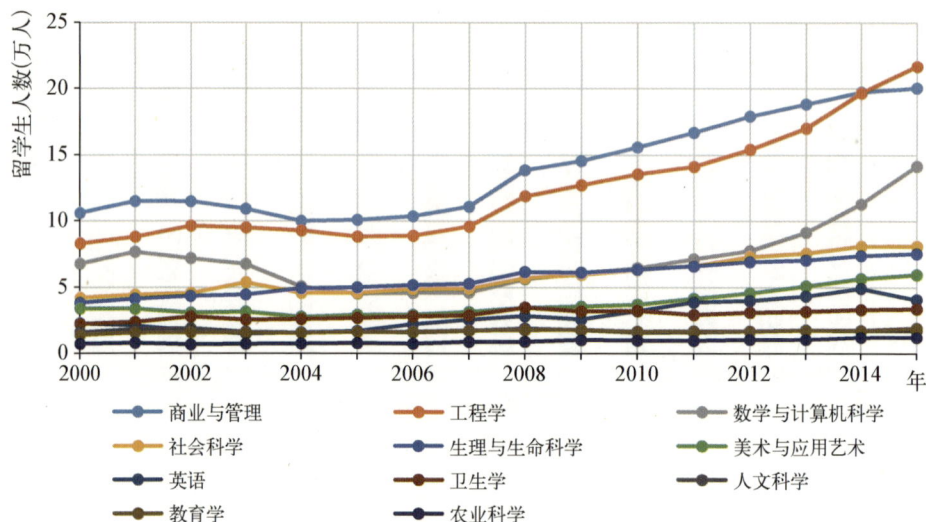

图 2.14　2000—2015 年在美留学生专业结构

数据来源：美国国家教育统计中心(National Center for Education Statistics)

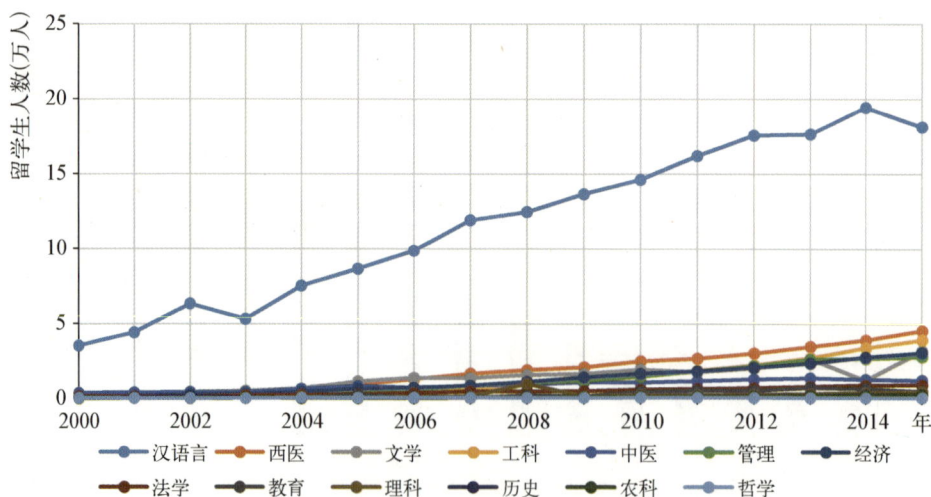

图 2.15　2000—2015 年来华留学生专业结构

数据来源：中国教育部国际合作与交流司来华留学生简明统计

六、本章小结

本章从全时当量研究人员、高被引科学家、诺贝尔奖获得者、科学与工程领域毕业生和国际留学生五个方面，比较分析了中美两国在科技人力资源方面的差异，结果发现：

1. 在表征科技人力资源规模的指标上，中国已在全时当量研究人员数量、科学与工程领域学士学位授予数和派遣国际留学生规模等多个方面超过美国；

2. 在表征科技人力资源质量的指标上，中国与美国的差距显著。如在每千名劳动力全时当量研究人员数量、高被引科学家数量、诺贝尔奖获得者数量、科学与工程领域博士学位授予数、招收国际留学生规模等指标上，中国远低于美国。

第三章

中美科技经费投入比较

　　科技经费既可测度和评价一个国家的研发规模和科技资源动员能力,也能反映一个国家的综合国力。科技经费投入水平可以通过政府和企业 R&D 经费来衡量。本章采用 OECD 和 UNESCO 数据库中的相关数据,对比分析中美两国 R&D 经费投入总量、强度、来源、执行部门、活动类型等方面的差异。

一、R&D 经费总体情况

R&D 经费的总体情况涉及投入总量、投入强度、投入来源、执行部门和活动类型这五方面。其中，投入总量是指 R&D 经费的总金额；由于国家之间的规模差异，投入强度（R&D 经费/GDP）则能更好地反映国家的研发意愿和能力；投入来源和执行部门是 R&D 经费的投入与被投入关系；活动类型则是考察 R&D 经费在不同研发活动之间的分配。

（一）R&D 经费投入总额

美国是全球 R&D 经费投入最高的国家，中国是全球第二大 R&D 经费投入国家，中美之间差距在不断缩小，且中国有赶超之势。2000—2016 年，中美两国的 R&D 经费总量均呈现出明显的上升趋势，分别由 2000 年的 330.8 亿美元和 2 695.1 亿美元上升至 2016 年的 4 512.0 亿美元和 5 110.9 亿美元。从全球范围来看，美国长期是全球 R&D 经费投入最高的国家，中国的 R&D 经费在 2008 年超过日本后，持续位居全球第二。2000 年以来，中国的 R&D 经费的年均增长率达到 17.7%，远超美国的 4.1%，R&D 经费投入总量与美国的差距在逐年缩小。从发展趋势看，中国若能继续保持高速增长态势，将在未来几年赶超美国成为全球 R&D 经费投入总量最高的国家（表 3.1 和图 3.1）。

表 3.1　2000—2016 年中美两国 R&D 经费
投入总额比较(单位:亿美元)

年份	中国	美国
2000	330.8	2 695.1
2001	385.9	2 802.4
2002	481.1	2 798.9
2003	571.8	2 938.5
2004	701.6	3 056.4
2005	868.4	3 281.3
2006	1 055.6	3 533.3
2007	1 242.0	3 803.2
2008	1 461.1	4 072.4
2009	1 853.0	4 064.1
2010	2 134.9	4 100.9
2011	2 478.1	4 297.9
2012	2 922.0	4 343.5
2013	3 341.2	4 548.2
2014	3 705.9	4 764.6
2015	4 074.2	4 965.9
2016	4 512.0	5 110.9

数据来源:OECD

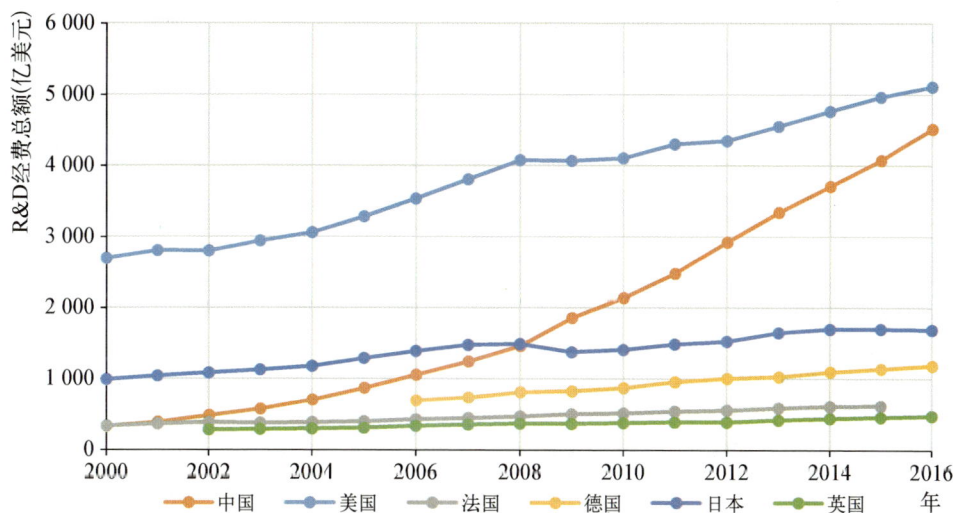

图 3.1　2000—2016 年中美两国及其他主要发达国家的 R&D 经费投入总额比较

数据来源:OECD

（二）R&D 经费投入强度

中国 R&D 经费投入强度稳步攀升，但与美国（及其他发达国家）相比仍处于较低水平。 2000—2016 年，中国 R&D 经费投入强度在这 17 年间呈现出稳步上升态势，由 2000 年的 0.9％上升至 2016 年的 2.1％；而美国 R&D 经费投入强度始终维持在 2.5％以上，且 2008 年以来一直处于 2.7—2.8 的高水平（表 3.2）。

其他主要发达国家中，日本是 R&D 经费投入强度最高的国家，长期维持在 3％以上。德国 R&D 经费投入强度由 2000 年的 2.4％上升至 2016 年的 2.9％，其在 2011 年超过美国后，持续高于美国。法国的 R&D 经费投入强度基本维持在 2.0％左右。由此可见，虽然中国 R&D 经费投入强度在稳步提升，但相对于美国等发达国家，仍有一定差距。中国 R&D 经费投入强度离实现《国家中长期科学和技术发展规划纲要（2006—2020 年）》确定的 2.5％的目标仍有差距（图 3.2）。

表 3.2　2000—2016 年中美两国 R&D 经费投入强度比较（单位：％）

年份	中国	美国
2000	0.9	2.6
2001	0.9	2.6
2002	1.1	2.5
2003	1.1	2.6
2004	1.2	2.5
2005	1.3	2.5
2006	1.4	2.5
2007	1.4	2.6
2008	1.4	2.8
2009	1.7	2.8
2010	1.7	2.7
2011	1.8	2.8
2012	1.9	2.7
2013	2.0	2.7
2014	2.0	2.8
2015	2.1	2.8
2016	2.1	2.7

数据来源：UNESCO

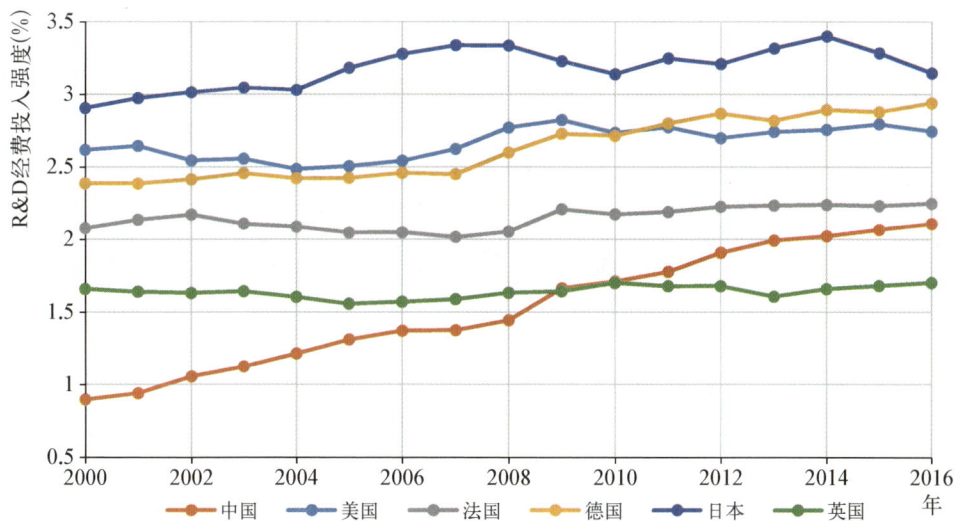

图 3.2　2000—2016 年中美两国及其他主要发达国家的
R&D 经费投入强度比较

数据来源：UNESCO

（三）R&D 经费投入来源

企业是中美两国 R&D 经费的第一大来源，中国企业 R&D 经费投入规模和投入占比均已超越美国。2000—2016 年，中国 R&D 经费企业投入年均增长率高达 19.8%，远超美国的 3.4%，至 2016 年，中国企业 R&D 经费投入规模达到 3 431.8 亿美元，超过美国的 3 185.3 亿美元；从投入占比上看，中国 R&D 经费中企业投入占比从 2000 年的 61.5% 上升至 2016 年的 78.6%，而美国 R&D 经费中企业投入占比则从 2000 年的 69.0% 下降到 2016 年的 62.3%，其中 2010 年仅占 56.9%（表 3.3，表 3.4）。

政府是中美两国 R&D 经费的第二大来源，在投入规模上，美国始终高于中国；在投入占比上，中国由高于美国发展至低于美国。从投入规模上看，中国 R&D 经费政府投入规模从 2000 年的 110.5 亿美元增长全 2016 年的 904.0 亿美元；美国 R&D 经费政府投入规模从 2000 年的 707.2 亿美元增长至 2016 年的 1 282.0 亿美元，中国 R&D 经费政府投入规模始终低于美国。从投入占比上看，中国 R&D 经费政府投入占比持续下降，从 2000 年的 35.7％下降至 2016 年的 20.7％；美国 R&D 经费政府投入占比由 2006 年的 26.2％下降到 2016 年的 25.1％，其中 2000—2009 年持续上升，2009 年达到 32.7％的历史最高水平，此后逐步下降，但至 2016 年仍明显高于中国（表 3.3，表 3.4）。

表 3.3　2000—2016 年中美两国 R&D 经费来源比较（单位：亿美元）

年份	中国			美国				
	企业	政府	海外	企业	政府	国外	高校	非盈利机构
2000	190.5	110.5	8.9	1 860.4	707.2	/	62.3	65.3
2001	/	/	/	1 883.4	778.8	/	68.3	71.9
2002	/	/	/	1 806.4	834.3	/	76.2	82.0
2003	343.7	171.0	11.1	1 861.1	903.5	/	82.3	91.6
2004	460.7	186.8	9.0	1 913.1	964.6	/	85.6	93.1
2005	582.2	228.8	8.0	2 077.3	1 010.4	/	92.7	101.0
2006	728.9	260.9	17.0	2 271.1	1 055.0	/	100.8	106.4
2007	874.0	305.8	16.7	2 467.4	1 109.3	/	108.3	118.1
2008	1 048.2	344.7	18.1	2 586.9	1 237.6	/	116.4	131.5
2009	1 329.4	433.8	24.9	2 353.1	1 327.4	115.9	119.2	148.6
2010	1 530.5	512.8	27.9	2 334.6	1337.4	153.0	121.1	154.9
2011	1 831.6	537.1	33.1	2 508.7	1 343.8	163.1	129.5	152.8
2012	2 163.4	630.3	28.5	2 585.7	1 287.3	177.3	143.0	150.2
2013	2 492.6	705.2	29.9	2 779.7	1 252.3	203.5	153.8	158.9
2014	2 795.0	750.6	30.6	2 954.2	1 236.1	240.5	162.2	171.6
2015	3 044.4	866.4	30.2	3 096.5	1 266.5	248.6	173.3	180.9
2016	3 431.8	904.0	29.7	3 185.3	1 282.0	264.3	186.9	192.5

注："/"为数据缺失，数据来源于 OECD。

表 3.4　2000—2016 年中美两国 R&D 经费来源占比比较（单位：％）

年份	中国			美国				
	企业	政府	国外	企业	政府	国外	高校	非盈利机构
2000	61.5	35.7	2.8	69.0	26.2	/	2.3	2.5
2001	/	/	/	67.2	27.8	/	2.4	2.6
2002	/	/	/	64.5	29.8	/	2.7	3.0
2003	65.4	32.5	2.1	63.3	30.7	/	2.8	3.2
2004	70.2	28.5	1.3	62.6	31.6	/	2.8	3.0
2005	71.1	27.9	1.0	63.3	30.8	/	2.8	3.1

年份	中国			美国				
	企业	政府	国外	企业	政府	国外	高校	非盈利机构
2006	72.4	25.9	1.7	64.3	29.9	/	2.9	2.9
2007	73.0	25.6	1.4	64.9	29.2	/	2.8	3.1
2008	74.3	24.4	1.3	63.5	30.4	/	2.9	3.2
2009	74.3	24.3	1.4	57.9	32.7	2.9	2.9	3.6
2010	73.9	24.8	1.3	56.9	32.6	3.7	3.0	3.8
2011	76.3	22.4	1.4	58.4	31.3	3.8	3.0	3.5
2012	76.7	22.3	1.0	59.5	29.6	4.1	3.3	3.5
2013	77.2	21.8	1.0	61.1	27.5	4.5	3.4	3.5
2014	78.2	21.0	0.8	62.0	25.9	5.0	3.4	3.7
2015	77.2	22.0	0.8	62.4	25.5	5.0	3.5	3.6
2016	78.6	20.7	0.7	62.3	25.1	5.2	3.7	3.7

注："/"为数据缺失,数据来源于 OECD。

(四) R&D 经费执行部门

美国 R&D 经费执行部门占比为企业＞高校＞政府,中国则为企业＞政府＞高校,企业为中美两国最主要的执行部门。2000—2016 年,中国 R&D 经费企业执行占比由 60.0％上升至 77.5％;美国则维持在 68.0％—74.2％,波动幅度较小。中国 R&D 经费政府执行占比不断降低,由 31.5％下降至 15.7％;美国则维持在 10.8％—12.9％,态势稳定。中国 R&D 经费高校执行占比持续下降,2016 年已降至 6.8％;美国则保持在 13.0％左右,明显高于中国(表 3.5)。

表 3.5　2000—2016 年中美两国 R&D 经费执行部门占比(单位:％)

年份	中国			美国			
	企业	政府	高校	企业	政府	高校	非盈利机构
2000	60.0	31.5	8.5	74.2	10.8	11.4	3.6
2001	60.4	29.7	9.9	72.1	11.9	12.0	4.0
2002	61.2	28.7	10.1	69.3	12.8	13.5	4.4
2003	62.4	27.1	10.5	68.3	12.9	14.3	4.5
2004	66.8	23.0	10.2	68.2	12.6	14.7	4.5

年份	中国			美国			
	企业	政府	高校	企业	政府	高校	非盈利机构
2005	68.3	21.8	9.9	68.9	12.3	14.3	4.5
2006	71.1	19.7	9.2	70.1	12.0	13.9	4.0
2007	72.3	19.2	8.5	70.8	11.8	13.4	4.0
2008	73.3	18.3	8.4	71.4	11.3	13.2	4.1
2009	73.2	18.7	8.1	69.5	12.0	14.0	4.5
2010	73.4	18.1	8.5	68.0	12.7	14.7	4.6
2011	75.7	16.3	8.0	68.4	12.8	14.5	4.3
2012	76.1	16.3	7.6	69.6	12.3	14.0	4.1
2013	76.6	16.2	7.2	70.9	11.5	13.5	4.1
2014	77.3	15.8	6.9	71.5	11.4	13.1	4.0
2015	76.8	16.2	7.0	71.7	11.3	13.0	4.0
2016	77.5	15.7	6.8	71.2	11.5	13.2	4.1

数据来源：OECD

　　中国企业执行的 R&D 经费规模不断接近美国。2000—2016 年，中美两国 R&D 经费企业执行规模均呈上升趋势，分别由 2000 年的 198.4 亿美元和 1 999.6 亿美元上升至 2016 年的 3 495.2 亿美元和 3 637.5 亿美元。2016 年中国企业执行的 R&D 经费略低于美国，但远高于其他主要国家。中国年均增速高达 19.6%，而美国仅为 3.8%，中美两国的差距在不断缩小，中国有反超之势（表 3.6 和图 3.3）。

表 3.6　2000—2016 年中美两国由企业执行的
R&D 经费规模比较（单位：亿美元）

年份	中国	美国
2000	198.4	1 999.6
2001	233.2	2 020.2
2002	294.3	1 938.7
2003	356.6	2 007.2
2004	468.8	2 083.0
2005	593.3	2 261.6
2006	750.3	2 476.7
2007	897.8	2 692.7

续　表

年份	中国	美国
2008	1 070.4	2 906.8
2009	1 356.9	2 823.9
2010	1 567.4	2 789.8
2011	1 876.8	2 940.9
2012	2 225.1	3 022.5
2013	2 559.7	3 225.3
2014	2 864.5	3 407.3
2015	3 128.6	3 558.2
2016	3 495.2	3 637.5

数据来源：OECD

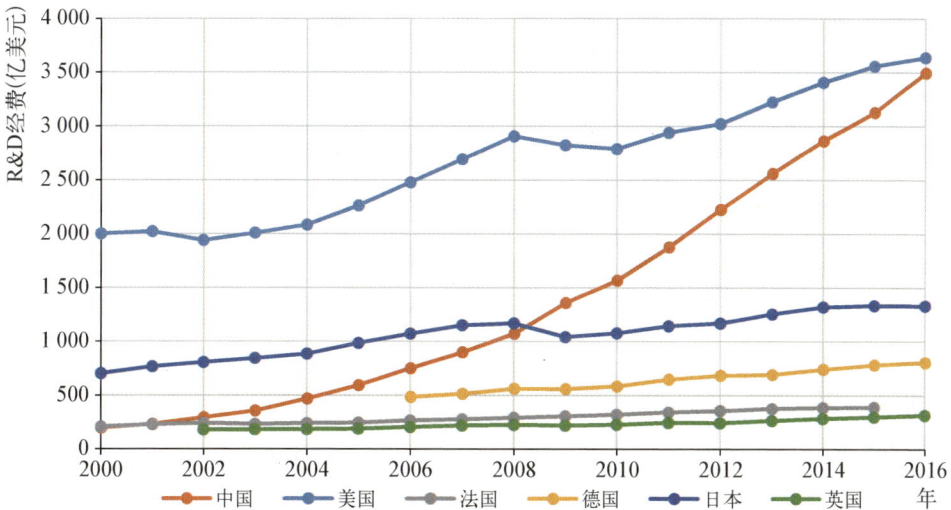

图 3.3　2000—2016 中美两国及其他主要发达国家
由企业执行的 R&D 经费规模比较

数据来源：OECD

中国政府部门执行的 R&D 经费规模增长迅速，已超越美国。2000—2016
年，中美两国政府部门执行的 R&D 经费规模均呈上升趋势，分别由 2000 年的
104.1 亿美元和 290.8 亿美元上升至 2016 年的 708.2 亿美元和 590.3 亿美元。在
此期间，中国政府部门执行 R&D 经费规模的年均增长率达到 12.7%，而美国仅
为 4.5%。早在 2000 年，中国政府部门执行的 R&D 经费规模就已超过日本、

德国、法国、英国等其他主要国家，自 2013 年开始超过美国（表 3.7 和图 3.4）。

表 3.7　2000—2016 年中美两国由政府执行的
R&D 经费规模比较（单位：亿美元）

年份	中国	美国
2000	104.1	290.8
2001	114.8	333.1
2002	138.0	359.5
2003	154.9	379.3
2004	161.1	386.2
2005	189.2	403.8
2006	208.0	422.6
2007	238.9	447.0
2008	267.2	462.2
2009	346.6	488.6
2010	386.9	521.2
2011	404.7	549.7
2012	475.4	533.4
2013	539.8	523.7
2014	585.6	541.1
2015	658.4	562.1
2016	708.2	590.3

数据来源：OECD

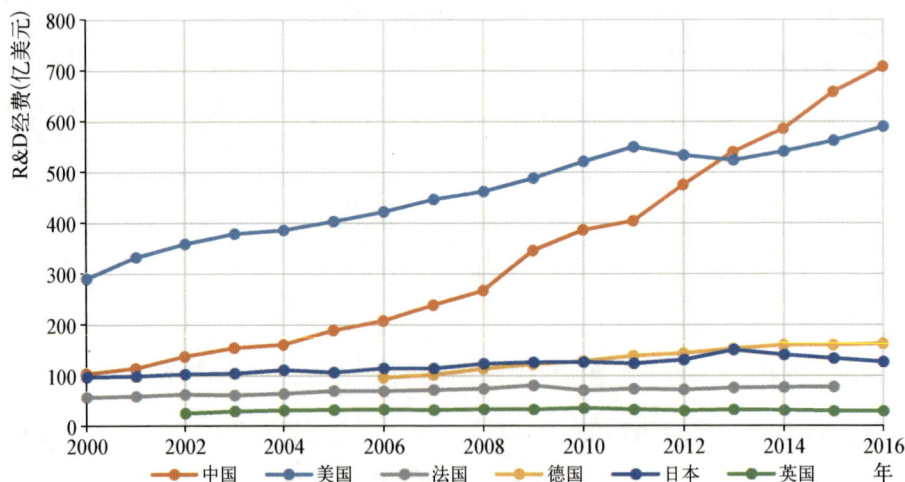

图 3.4　2000—2016 年中美两及其他主要发达国家
由政府执行的 R&D 经费规模比较

数据来源：OECD

中国高校执行的 **R&D** 经费规模显著低于美国。2000—2016 年,中美两国高校执行的 R&D 经费规模均呈上升趋势,中国由 28.3 亿美元增加到 308.6 亿美元,美国由 306.9 亿美元增加到 675.2 亿美元。虽然中国高校执行的 R&D 规模年均增长率达到 16.1%,远高于美国的 5.1%,但与美国的差距依然显著,2016 年不及美国的一半(表 3.8 和图 3.5)。

表 3.8　2000—2016 年中美两国由高校执行的
R&D 经费规模比较(单位:亿美元)

年份	中国	美国
2000	28.3	306.9
2001	37.9	337.2
2002	48.8	378.9
2003	60.3	419.6
2004	71.7	447.8
2005	85.9	470.1
2006	97.3	489.5
2007	105.3	511.5
2008	123.5	539.2
2009	149.5	569.7
2010	180.6	603.7
2011	196.5	624.4
2012	221.5	609.0
2013	241.6	615.5
2014	255.7	623.5
2015	287.1	646.5
2016	308.6	675.2

数据来源:OECD

(五) R&D 经费活动类型

中国的基础研究和应用研究 **R&D** 经费占比远低于美国,试验发展 **R&D** 经费占比远高于美国。2000　2016 年,中国用于基础研究的 R&D 经费占比始终徘徊在 5.0% 左右;应用研究 R&D 经费占比呈下降趋势,已由最高的 24.0% 下降至 10.3%;试验发展 R&D 经费占比呈增长态势,已达到

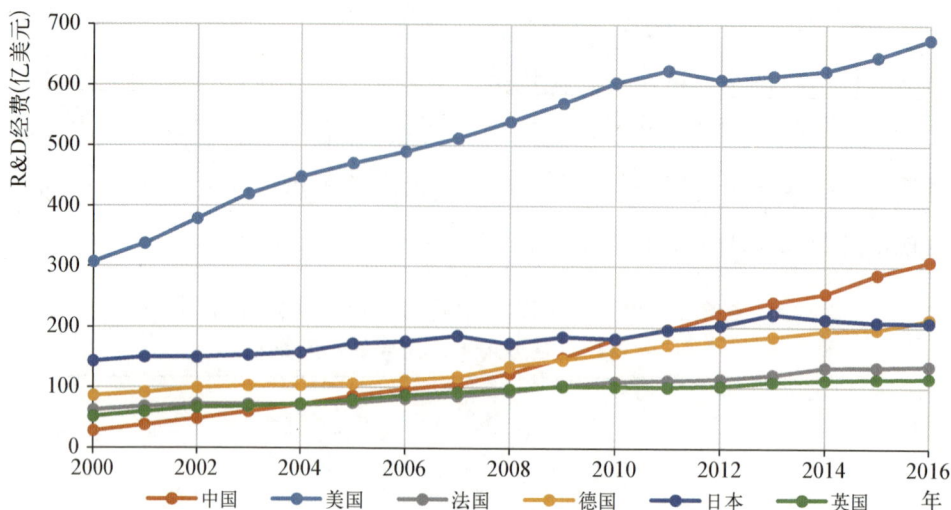

图 3.5　2000—2016 中美两国及其他主要发达国家
由高校执行的 R&D 经费规模比较

数据来源：OECD

84.5%。同期,美国用于基础研究的 R&D 经费占比一直维持在 15.9%—
19.1%之间,远远高于中国;应用研究 R&D 经费占比基本维持在 20.0%左
右,与中国的占比下滑态势相比,美国较为稳定;试验发展的经费投入占比保
持在 58.2%—63.5%左右,远低于中国,且差距逐年增大(表 3.9 和图 3.6)。

表 3.9　2000—2016 年中美两国 R&D 经费活动类型占比比较(单位：%)

年份	中国			美国		
	基础研究	应用研究	试验发展	基础研究	应用研究	试验发展
2000	5.2	17.0	77.8	15.9	21.1	63.0
2001	5.3	17.7	76.9	17.1	22.9	60.0
2002	5.7	19.2	75.1	18.6	18.2	63.2
2003	5.7	20.2	74.1	19.1	20.9	59.9
2004	6.0	20.4	73.7	19.0	22.8	58.2
2005	5.4	17.7	76.9	18.7	21.4	59.9
2006	5.2	16.8	78.0	17.9	21.8	60.4
2007	4.7	13.3	82.0	17.9	22.0	60.1
2008	4.8	12.5	82.8	17.7	18.4	63.9
2009	4.7	12.6	82.7	18.2	18.7	63.1

续 表

年份	中国			美国		
	基础研究	应用研究	试验发展	基础研究	应用研究	试验发展
2010	4.6	12.7	82.8	18.4	20.4	61.2
2011	4.7	11.8	83.4	17.4	19.6	63.0
2012	4.8	11.3	83.9	16.9	20.1	63.0
2013	4.7	10.7	84.6	17.3	19.5	63.3
2014	4.7	10.7	84.5	17.3	19.3	63.4
2015	5.1	10.8	84.2	16.9	19.6	63.5
2016	5.2	10.3	84.5	16.9	19.7	63.4

数据来源：OECD

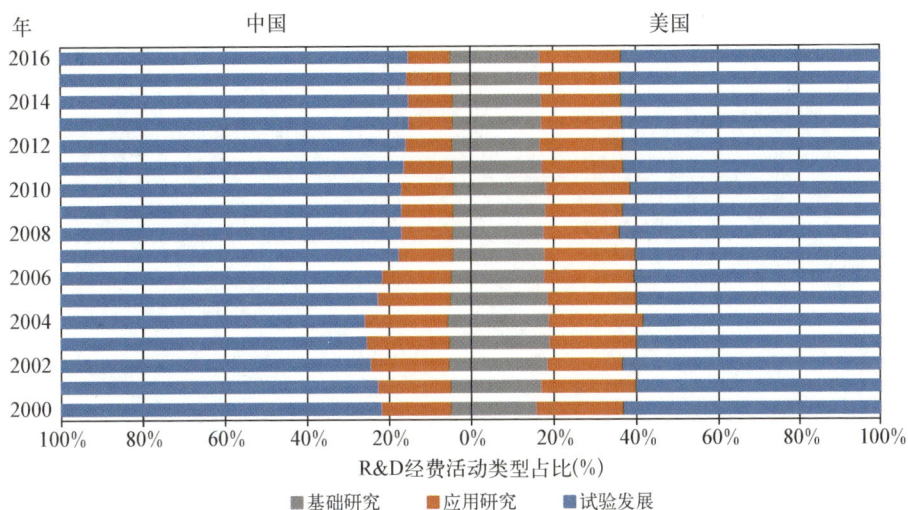

图 3.6　2000—2016 年中美两国 R&D 经费活动类型占比比较

数据来源：OECD

美国的基础研究经费投入大幅领先中国，尽管中国的基础研究经费在高速增长，但与美国的绝对差距仍在持续扩大。 2000—2016 年，中美两国的基础研究经费均呈增长趋势，分别由 2000 年的 17.3 亿美元和 427.5 亿美元增长至 2016 年的 236.8 亿美元和 863.2 亿美元。虽然中国的年均增长率达到 17.8%，远高于美国的 4.5%，但中美绝对差距还在不断扩大，2016 年中国基础研究经费仍只有美国 1/4 左右。（表 3.10 和图 3.7）。

表3.10　2000—2016年中美两国基础研究经费比较（单位：亿美元）

年份	中国	美国
2000	17.3	427.5
2001	20.6	477.3
2002	27.6	519.0
2003	32.6	560.9
2004	41.8	577.3
2005	46.5	613.2
2006	54.8	630.0
2007	58.4	680.5
2008	69.9	721.1
2009	86.3	737.7
2010	98.1	750.7
2011	117.5	747.5
2012	141.5	732.8
2013	156.5	784.9
2014	174.7	820.6
2015	205.9	834.6
2016	236.8	863.2

数据来源：OECD

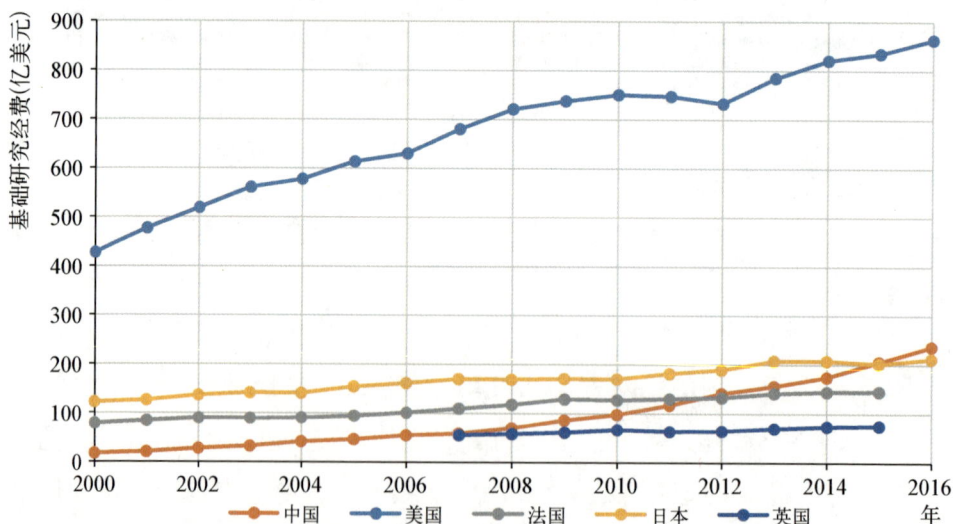

图3.7　2000—2016年中美两国及其他主要发达国家的基础研究经费比较

数据来源：OECD

　　中国应用研究经费投入规模远低于美国,与美国的绝对差距持续存在。2000—2016 年,中美两国的应用研究经费投入均呈上升趋势,中国的年均增长率高达 14.1%,由 56.1 亿美元增长到 463.5 亿美元;美国的年均增长率为 3.6%,由 566.8 亿美元增长到 1 002.9 亿美元。中国相继在 2008 年、2009 年和 2012 年超过英国、法国和日本,但与美国依然存在较大的差距,2016 年仍不足美国的二分之一(表 3.11 和图 3.8)。

表 3.11　2000—2016 年中美两国应用研究经费比较(单位:亿美元)

年份	中国	美国
2000	56.1	566.8
2001	68.4	641.8
2002	92.2	508.0
2003	115.7	613.8
2004	142.9	694.7
2005	153.7	700.0
2006	177.4	767.4
2007	165.0	835.5
2008	182.1	747.9
2009	233.4	757.6
2010	270.2	832.3
2011	293.4	840.1
2012	329.7	870.7
2013	357.9	883.4
2014	398.2	918.9
2015	439.5	971.5
2016	463.5	1 002.9

数据来源:OECD

　　中国的试验发展经费增长迅猛,目前经费规模已超过美国。2000—2016 年,中国的年均增长率高达 18.3%,而美国仅为 4.1%。2000 年,中国试验发展经费投入为 257.4 亿美元,远低于美国的 1 694.7 亿美元;2014 年,中国试验发展经费投入达到 3 133.0 亿美元,超过美国的 3 014.8 亿美元,并成为世界试验发展经费投入最高的国家。至 2016 年,中国试验发展经费已连续三年高于美国并居于世界首位,领先优势持续扩大(表 3.12 和图 3.9)。

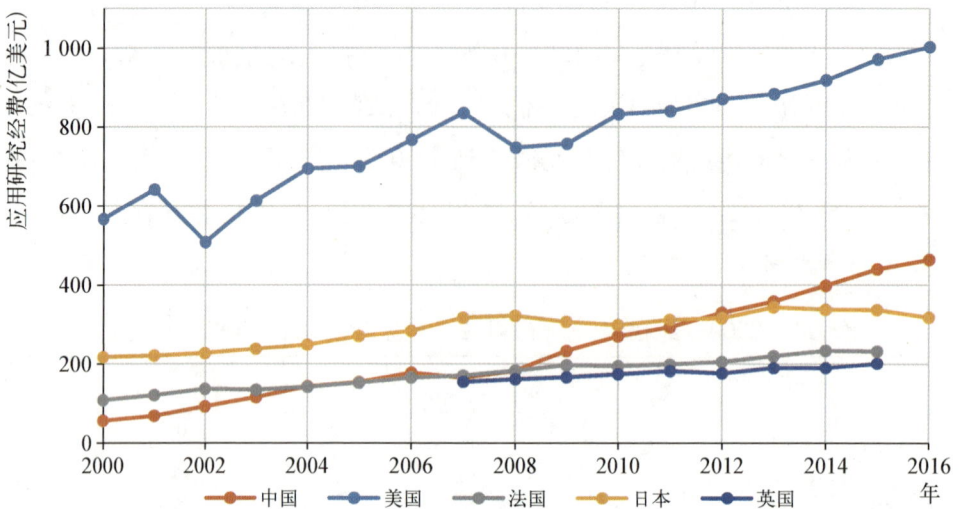

图 3.8 2000—2016 年中美两国及其他主要发达国家的应用研究经费比较

数据来源：OECD

表 3.12 2000—2016 年中美两国试验发展经费比较（单位：亿美元）

年份	中国	美国
2000	257.4	1 694.7
2001	296.9	1 678.1
2002	361.3	1 766.9
2003	423.6	1 755.9
2004	516.9	1 773.5
2005	668.2	1 958.6
2006	823.5	2 128.4
2007	1 018.6	2 280.8
2008	1 209.2	2 597.1
2009	1 533.3	2 556.1
2010	1 766.6	2 499.0
2011	2 067.3	2 701.2
2012	2 450.8	2 732.6
2013	2 826.7	2 871.4
2014	3 133.0	3 014.8
2015	3 428.7	3 145.3
2016	3 811.7	3 233.6

数据来源：OECD

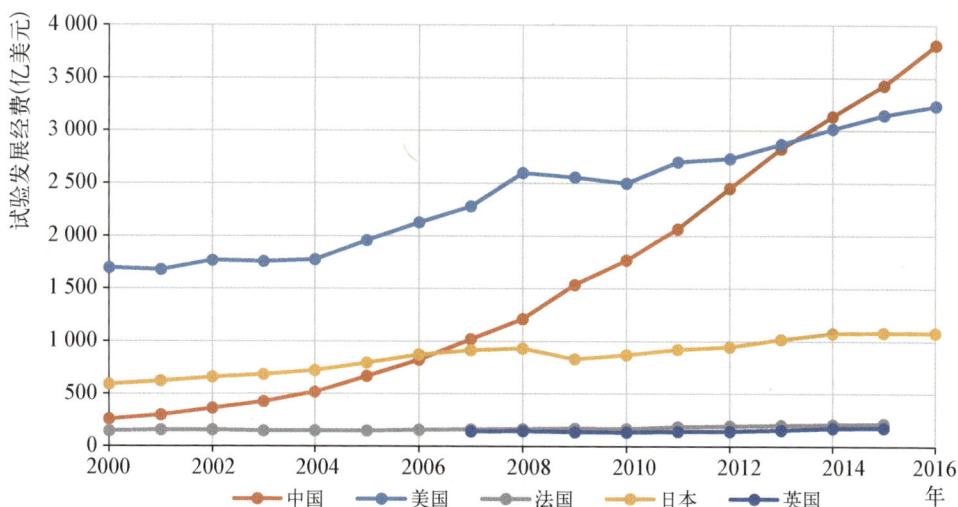

图 3.9　2000—2016 年中美两国及其他主要发达国家的试验发展经费比较

数据来源：OECD

二、政府 R&D 经费投入

政府 R&D 经费投入是测度政府对研发活动的投资意愿和投资规模的重要指标。本节主要从投入总量与执行部门两方面对中美两国的政府 R&D 经费投入情况进行比较与分析。

（一）政府 R&D 经费投入总量

中国政府 R&D 经费投入始终低于美国，但中国的增速高于美国，两国之间的差距在逐渐缩小。 2000—2016 年，中国政府 R&D 经费投入一直保持高速增长态势，由 110.5 亿美元增长到 904.0 亿美元，年均增长率高达 14.0%；美国政府 R&D 经费投入呈先上升后下降的波动态势，但总体趋势为增长，由 707.2 亿美元增长到 1 282.0 亿美元，年均增长率为 3.8%。由于中国政府 R&D 投入的快速增长，中国与美国差距不断缩小，并已大大超过其他发达国家。2016 年，中国政府 R&D 投入规模约为美国的 70% 左右（表 3.13 和图 3.10）。

表 3.13　2000—2016 年中美两国政府 R&D 经费投入比较（单位：亿美元）

年份	中国	美国
2000	110.5	707.2
2001	/	778.8
2002	/	834.3
2003	171.0	903.5
2004	186.8	964.6
2005	228.8	1010.4
2006	260.9	1 055.0
2007	305.8	1 109.3
2008	344.7	1 237.6
2009	433.8	1 327.4
2010	512.8	1 337.4
2011	537.1	1 343.8
2012	630.3	1 287.3
2013	705.2	1 252.3
2014	750.6	1 236.1
2015	866.4	1 266.5
2016	904.0	1 282.0

注："/"为数据缺失，数据来源于 OECD。

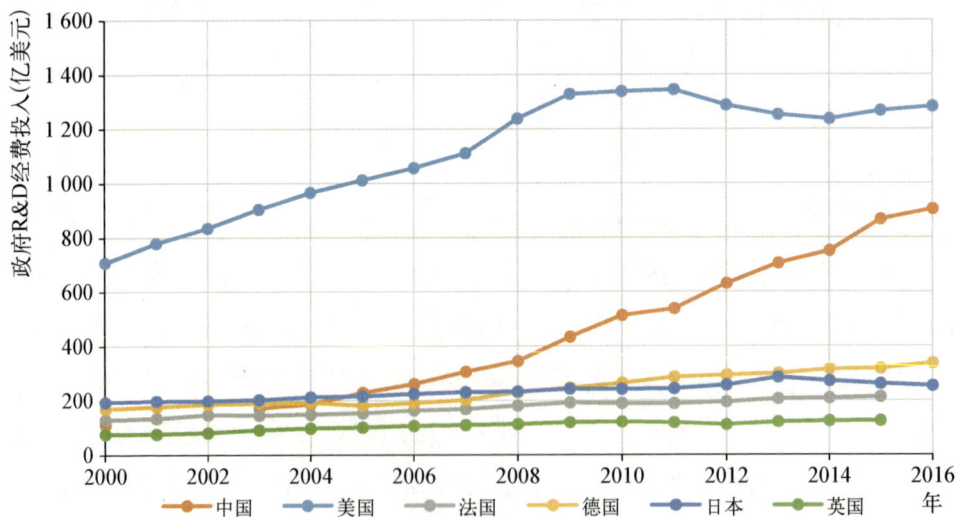

图 3.10　2000—2016 年中美两国及其他主要发达国家的政府 R&D 经费投入比较

数据来源：OECD

（二）政府 R&D 经费执行部门

中国的政府 **R&D** 经费主要由政府部门执行，一家独大；美国的政府 **R&D** 经费由政府、企业和高校等多家执行，三家分配相对均衡。2003 年，中国的政府 R&D 经费投入中由政府部门执行的比例高达 70.7％，此后这一比例虽有所下降，但直到 2016 年，仍然高达 63.8％；而由企业和高校执行的比例基本维持在 10.3％—16.4％和 20.0％左右，形成政府部门"一家独大"的局面。美国的政府 R&D 经费投入中由政府部门执行的比例基本保持在 40.0％左右，这一比例远低于中国；由高校和企业执行的比例分别维持在 30.0％和 20.0％左右，两者均远高于中国（表 3.14 和图 3.11）。

表 3.14　2003—2016 年中美两国政府 R&D 经费
执行部门占比比较（单位：％）

年份	中国			美国			
	企业	政府	高校	企业	政府	高校	非盈利机构
2003	10.3	70.7	19.0	19.7	42.0	31.6	6.7
2004	12.0	67.3	20.8	21.0	40.0	32.0	6.9
2005	11.9	67.5	20.6	21.7	40.0	31.8	6.6
2006	13.0	66.5	20.4	23.0	40.1	31.1	5.8
2007	14.1	66.5	19.5	24.0	40.3	30.3	5.5
2008	13.4	65.9	20.7	29.4	37.4	28.2	5.1
2009	13.5	67.2	19.3	30.0	36.5	28.1	5.5
2010	14.0	64.9	21.2	25.7	38.7	30.2	5.5
2011	15.3	63.2	21.5	23.5	40.6	30.8	5.0
2012	16.4	62.3	21.3	23.9	41.2	29.9	5.0
2013	16.4	63.0	20.7	23.6	41.6	29.9	4.9
2014	16.0	63.6	20.4	21.6	43.5	29.8	5.1
2015	15.4	63.5	21.2	21.4	44.1	29.5	5.0
2016	14.3	63.8	21.9	19.4	45.8	29.7	5.1

数据来源：OECD

中国的政府 **R&D** 经费中由政府部门执行的经费规模增长迅速，已接近美国。2000—2016 年，中美两国政府部门执行的政府 R&D 经费均呈上升趋势，且远高于日本、德国、法国及英国等发达国家；中国的年均增长率

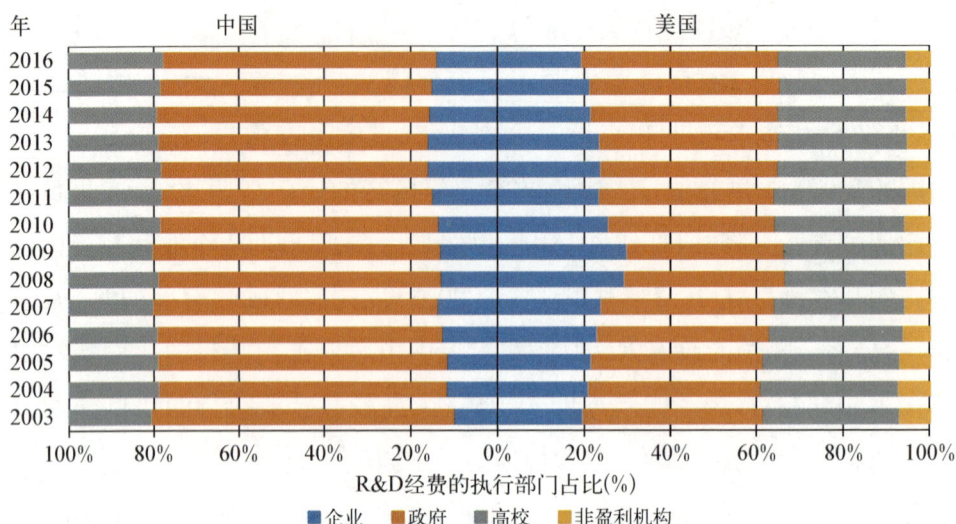

图 3.11　2003—2016 年中美两国政府 R&D 经费的执行部门占比比较

数据来源：OECD

为 13.1％，美国为 4.4％，中国平均增速明显高于美国。2000 年，中国政府执行的政府 R&D 经费为 80.3 亿美元，不及美国（290.8 亿美元）的三分之一，但在 2004 年后持续迅猛增长，在 2016 年已达到 576.6 亿美元，已经基本与美国（586.8 亿美元）持平（表 3.15 和图 3.12）。

表 3.15　2000—2016 年中美两国政府 R&D 经费
政府执行规模比较（单位：亿美元）

年份	中国	美国
2000	80.3	290.8
2001	/	333.1
2002	/	359.5
2003	120.9	379.3
2004	125.6	386.2
2005	154.5	403.8
2006	173.6	422.6
2007	203.2	447.0
2008	227.2	462.2
2009	291.3	484.5
2010	332.7	517.2

续　表

年份	中国	美国
2011	339.3	546.1
2012	392.7	529.8
2013	444.1	520.3
2014	477.6	537.5
2015	549.9	558.7
2016	576.6	586.8

注："/"为数据缺失,数据来源于OECD。

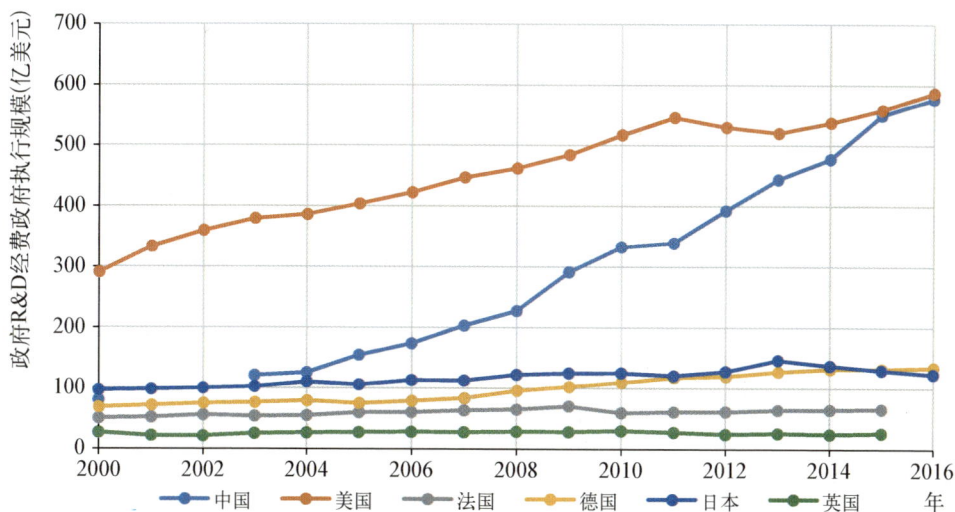

图 3.12　2000—2016 年中美两国及其他主要发达国家
政府 R&D 经费政府执行规模比较

数据来源：OECD

　　中国的政府 R&D 经费中企业执行规模一直保持高速增长,而美国在近年来开始下滑,但仍远高于中国。2000—2016 年,中国企业执行的政府 R&D 经费的年均增长率高达 15.1%,而美国则呈现"先增长后下降"的走势,年均增长率仅为 2.4%。2000 年,中国企业执行的政府 R&D 经费(13.6 亿美元)远低于美国(171.2 亿美元),美国企业执行的政府 R&D 经费在 2009 年达到最高值(397.7 亿美元),此后快速跌落,在 2016 年下降至 248.5 亿美元,虽经历大幅下降，但仍远高于中国（129.4亿美元）及其他发达国家（表3.16和图3.13）。

表3.16　2000—2016年中美两国政府R&D经费
企业执行规模比较（单位：亿美元）

年份	中国	美国
2000	13.6	171.2
2001	/	169.0
2002	/	164.0
2003	17.6	178.0
2004	22.4	202.7
2005	27.1	219.1
2006	34.0	243.0
2007	43.1	265.9
2008	46.1	363.6
2009	58.7	397.7
2010	71.6	343.6
2011	82.3	316.3
2012	103.0	307.8
2013	115.4	295.6
2014	120.2	266.9
2015	133.2	271.2
2016	129.4	248.5

注：“/”为数据缺失，数据来源于OECD。

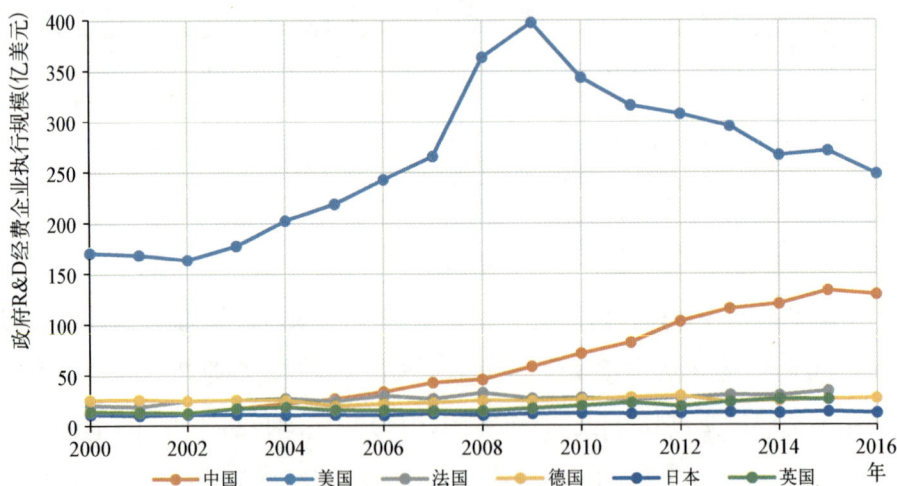

图3.13　2000—2016年中美两国及其他主要发达国家
政府R&D经费企业执行规模比较

数据来源：OECD

中国的政府 R&D 经费中高校执行规模稳步增长，但仍远低于美国。
2000—2016 年，中国高校执行的政府 R&D 经费呈上升趋势，年均增长率
为 16.8%，远高于美国的 4.1%。但由于两国的基数差距较大，中国高校执
行的政府 R&D 经费在 2000 年仅为 16.6 亿美元，远低于美国的 199.7 亿美
元。中国高校执行的政府 R&D 经费分别于 2008 年超越英国（65.5 亿美
元），2010 年超越日本（95.1 亿美元）和法国（99.1 亿美元），2015 年超越德
国（160.1 亿美元），但与美国仍有较大差距，2016 年只及美国的 1/2 左右
（表 3.17 和图 3.14）。

表 3.17　2000—2016 年中美两国政府 R&D 经费
高校执行规模比较（单位：亿美元）

年份	中国	美国
2000	16.6	199.7
2001	/	221.6
2002	/	252.6
2003	32.6	285.8
2004	38.8	308.8
2005	47.2	320.8
2006	53.3	327.8
2007	59.5	336.0
2008	71.4	348.9
2009	83.7	372.4
2010	108.5	403.5
2011	115.6	414.3
2012	134.5	385.3
2013	145.8	374.8
2014	152.8	368.4
2015	183.2	373.2
2016	197.9	380.8

注："/"为数据缺失，数据来源于 OECD。

三、企业 R&D 经费投入

企业 R&D 经费投入是测度企业对研发活动的投资意愿和投资规模的

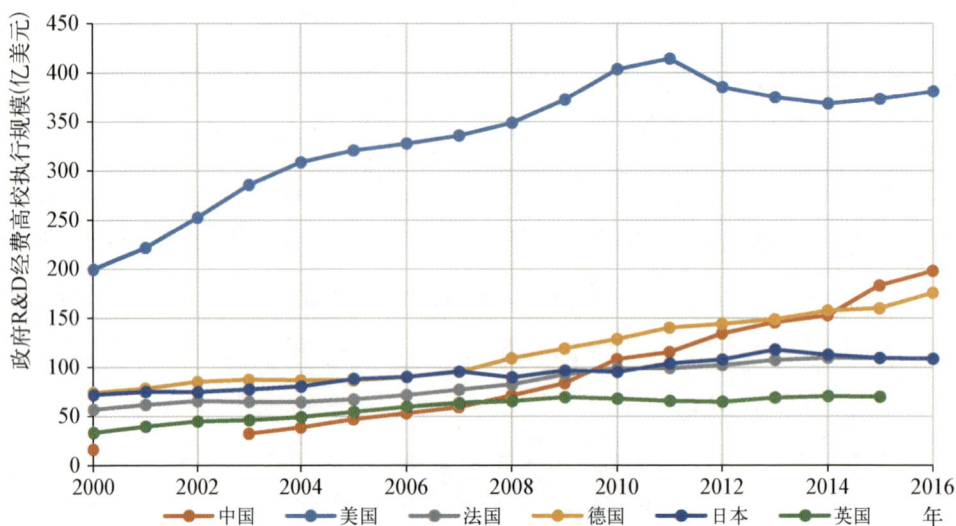

图 3.14　2000—2016 年中美两国及其他主要发达国家
政府 R&D 经费高校执行规模比较

数据来源：OECD

重要指标。本节主要从投入总量与执行部门两方面对中美两国的企业
R&D 经费投入情况进行比较。

（一）企业 R&D 经费投入总量

**中国的企业 R&D 经费投入持续迅速增加，现已超越美国，跃居全球第
一。** 2000—2016 年，中美两国的企业 R&D 经费投入均呈上升趋势，但中
国的增速明显高于美国，其中，中国的年均增长率为 19.8%，而美国仅为
3.4%。在 2000 年，中国的企业 R&D 经费投入（190.5 亿美元）远低于美国
（1 860.4 亿美元）；在 2009 年，中国的企业 R&D 经费投入已超越日本，达
到 1 329.4 亿美元，仅次于美国。此后，中国的企业 R&D 经费投入在总
量上相较于日本、德国、法国、英国等发达国家的领先优势逐步扩大。
2016 年，中国的企业 R&D 经费投入超越美国，跃居全球第一（表 3.18 和
图 3.15）。

表 3.18　2000—2016 年中美两国企业 R&D 经费
投入总量比较（单位：亿美元）

年份	中国	美国
2000	190.5	1 860.4
2001	/	1 883.4
2002	/	1 806.4
2003	343.7	1 861.1
2004	460.7	1 913.1
2005	582.2	2 077.3
2006	728.9	2 271.1
2007	874.0	2 467.4
2008	1 048.2	2 586.9
2009	1 329.4	2 353.1
2010	1 530.5	2 334.6
2011	1 831.6	2 508.7
2012	2 163.4	2 585.7
2013	2 492.6	2 779.7
2014	2 795.0	2 954.2
2015	3 044.5	3 096.5
2016	3 431.8	3 185.3

注："/"为数据缺失，数据来源于 OECD。

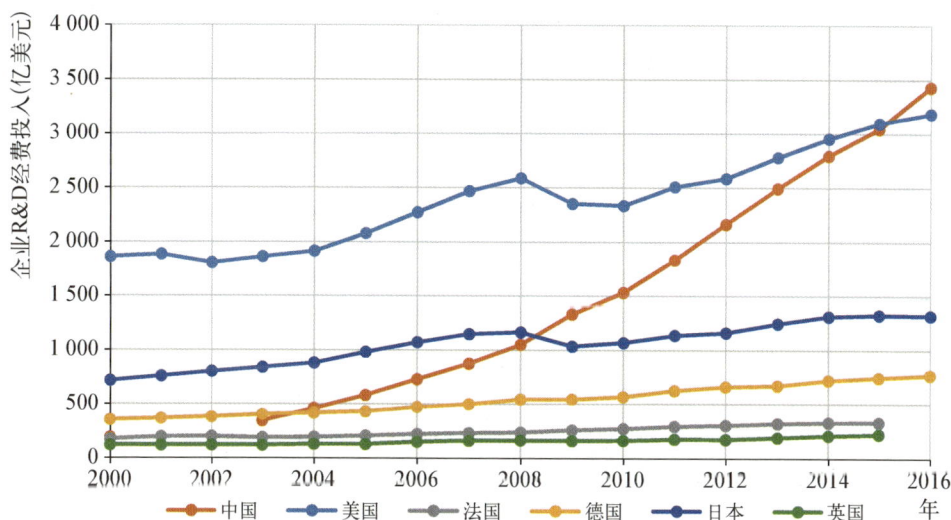

图 3.15　2000—2016 中美两国及其他主要发达国家的企业 R&D 经费投入比较

数据来源：OECD

（二）企业 R&D 经费执行部门

企业是中美两国企业 R&D 经费投入的主要执行部门，占比远高于高校和政府，中国的企业 R&D 经费中企业执行的占比逐年增长，但仍略低于美国。 2003—2016 年，中国企业执行的企业 R&D 经费占比始终略低于美国。在 2003 年，中国的企业 R&D 经费投入中由企业执行的比例为 91%，到 2016 年升至 96%，美国则一直维持在 98% 左右。高校是中美两国企业 R&D 经费投入的第二大执行部门。中国的高校占比虽呈下降的趋势，从 2003 年的 6% 下降至 2016 年的 3%，但始终高于保持在 1% 左右的美国，这说明中国高校与企业合作强度高于美国。政府执行的企业 R&D 经费占比最低，中国从 2003 年的 3% 下降至 2016 年的 1%，但仍高于几乎为零的美国（表 3.19 和图 3.15）。

表 3.19　2003—2016 年中美两国企业 R&D 经费的
执行部门占比比较（单位：%）

年份	中国			美国			
	企业	政府	高校	企业	政府	高校	非盈利机构
2003	90.8	2.9	6.3	98.3	0.0	1.2	0.5
2004	92.1	2.1	5.8	98.3	0.0	1.2	0.5
2005	93.0	1.6	5.4	98.3	0.0	1.1	0.5
2006	93.8	1.3	4.9	98.4	0.0	1.1	0.5
2007	94.4	1.3	4.2	98.4	0.0	1.1	0.5
2008	94.7	1.2	4.1	98.3	0.0	1.2	0.5
2009	94.8	1.1	4.1	98.0	0.1	1.4	0.5
2010	95.0	1.1	3.9	98.2	0.1	1.2	0.5
2011	95.3	0.9	3.8	98.3	0.1	1.1	0.5
2012	95.7	0.9	3.4	98.3	0.1	1.1	0.5
2013	95.7	1.0	3.3	98.3	0.1	1.1	0.5
2014	96.1	0.9	3.1	98.3	0.1	1.1	0.5
2015	96.3	0.8	2.8	98.3	0.1	1.1	0.5
2016	96.4	1.0	2.6	98.3	0.1	1.1	0.5

数据来源：OECD

中国的企业 R&D 经费中政府执行规模远高于美国，且随着中国企业 R&D 经费投入的快速增长，两国之间差距逐渐拉大。 直到 2008 年前，美国政府部门执行的企业 R&D 经费基本为 0,此后企业 R&D 经费才开始投入政府部门,但经费规模十分有限。2000—2016 年,中国企业 R&D 经费中由政府执行的 R&D 经费快速增长,从 10.0 亿美元增加至 33.2 亿美元,远高于同期美国及其他发达国家(表 3.20 和图 3.16)。

表 3.20　2000—2016 年中美两国企业 R&D 经费政府
执行规模比较(单位:亿美元)

年份	中国	美国
2000	10.0	0.0
2001	/	0.0
2002	/	0.0
2003	10.1	0.0
2004	9.8	0.0
2005	9.3	0.0
2006	9.3	0.0
2007	11.8	0.0
2008	12.5	0.0
2009	14.7	1.8
2010	16.8	1.7
2011	17.0	1.9
2012	19.7	1.9
2013	24.7	2.0
2014	24.1	2.2
2015	25.7	2.1
2016	33.2	2.0

注:"/"为数据缺失,数据来源于 OECD。

中国的企业 R&D 经费中企业执行规模高速增长,在 2016 年已领先美国。 2000—2016 年,中美两国企业执行的企业 R&D 经费均呈上升趋势,中国的增速高达 20.3%,而美国仅为 3.4%。在 2000 年,中国企业执行的企业 R&D 经费规模远低于美国;在 2009 年,中国超越日本,仅次于美国;在 2016 年,中国企业执行的企业 R&D 经费超越美国,且远高于其他发达国家(表 3.21 和图 3.17)。

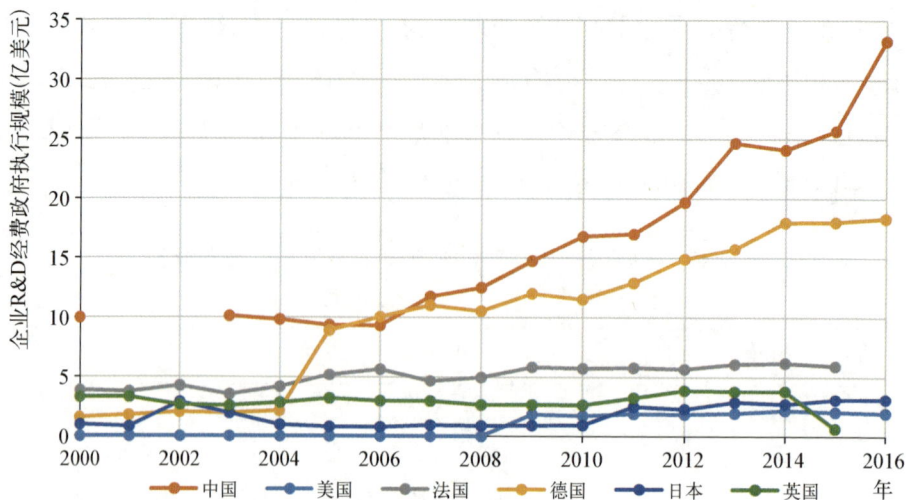

图 3.16　2000—2016 年中美两国及其他主要发达国家
企业 R&D 经费政府执行规模比较

数据来源：OECD

表 3.21　2000—2016 年中美两国企业 R&D 经费企业
执行规模比较（单位：亿美元）

年份	中国	美国
2000	171.4	1 828.4
2001	/	1 851.2
2002	/	1 774.7
2003	311.9	1 829.3
2004	424.3	1 880.4
2005	541.3	2 042.5
2006	684.0	2 233.7
2007	825.4	2 426.8
2008	993.0	2 543.2
2009	1 259.9	2 306.7
2010	1 453.6	2 292.0
2011	1 745.3	2 465.5
2012	2 069.9	2 543.0
2013	2 386.3	2 733.6
2014	2 684.7	2 905.0
2015	2 932.1	3 044.9
2016	3 309.2	3 131.4

注："/"为数据缺失，数据来源于 OECD。

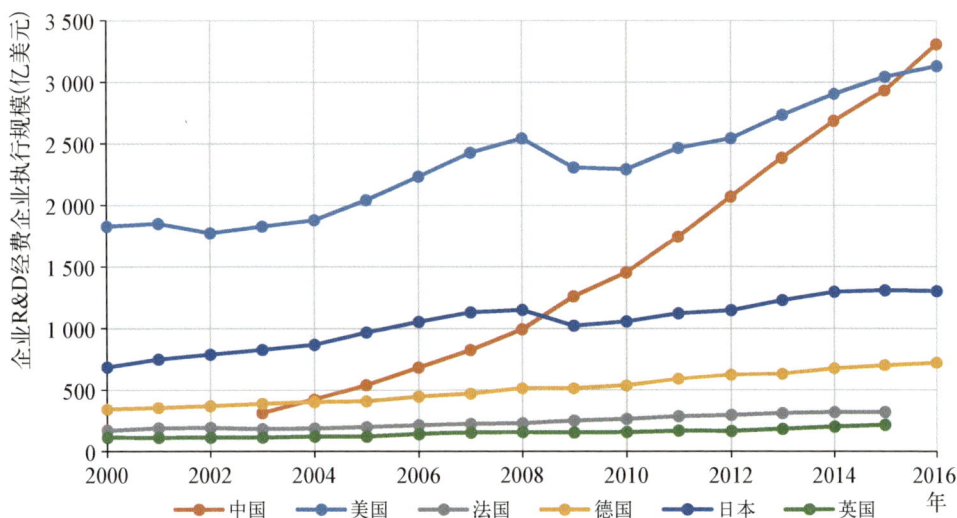

图 3.17 2000—2016 年中美两国及其他主要发达国家
企业 R&D 经费企业执行规模比较

数据来源：OECD

中国的企业 R&D 经费中高校执行规模一直高于美国，并保持高速增长态势。2000—2016 年，中国高校执行的企业 R&D 经费高速增长，从 2000 年的 9.2 亿美元上升至 2016 年的 89.4 亿美元，年均增长率为 15.3%，经费规模和增长速度均远远超过美国和其他主要发达国家（表 3.22 和图 3.18）。

表 3.22 2000—2016 年中美两国企业 R&D 经费高校
执行规模比较（单位：亿美元）

年份	中国	美国
2000	9.2	21.7
2001	/	21.9
2002	/	21.8
2003	21.6	21.7
2004	26.6	22.3
2005	31.5	23.7
2006	35.6	25.6
2007	36.9	28.0
2008	42.7	30.7

续　表

年份	中国	美国
2009	54.8	31.9
2010	60.0	28.2
2011	69.3	28.0
2012	73.9	27.2
2013	81.6	29.8
2014	86.2	31.9
2015	86.7	33.9
2016	89.4	35.9

注："/"为数据缺失，数据来源于 OECD。

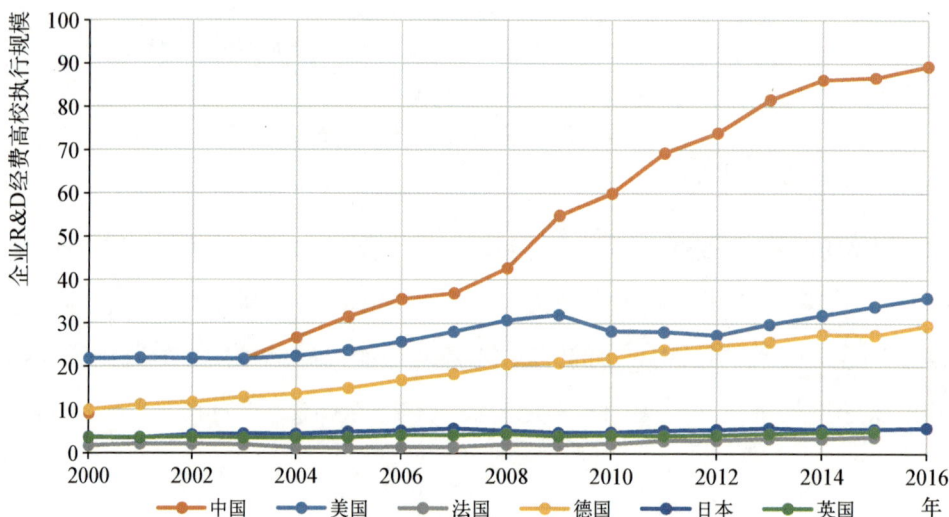

图 3.18　2000—2016 年中美两国及其他主要发达国家企业
R&D 经费高校执行规模比较

数据来源：OECD

四、本章小结

综上所述，中美两国在科技经费方面的比较呈现如下特点：

1. 从总体来看，中国 R&D 经费的投入总量在不断逼近美国，但 R&D

经费的投入强度与美国还存在较大差距。

2. 中国的基础研究经费投入规模远低于美国,且与美国的差距还在持续扩大;中国的应用研究经费投入规模远低于美国,且差距持续存在;中国的实验发展经费投入规模已超过美国。

3. 从 R&D 经费的执行部门来看,中国企业和政府部门的执行占比高于美国,但中国高校的执行规模和占比显著低于美国,目前中国高校执行的 R&D 经费不及美国的一半。

4. 从 R&D 经费的投入来源来看,中国企业 R&D 经费投入规模和投入占比均已超过美国,但中国政府 R&D 经费的投入规模和占比均明显低于美国;另外,美国的 R&D 经费来源更多样化,除企业和政府外,还有相当一部分来源于国外、高校和非盈利机构等,而中国的 R&D 经费主要来源于企业和政府。

5. 中国政府 R&D 经费主要由政府部门执行,而美国政府 R&D 经费由政府、企业和高校共同执行;中国政府部门执行的政府 R&D 经费规模与美国已不相上下,但企业和高校执行的政府 R&D 经费规模远低于美国。

6. 中国企业 R&D 经费投入中,高校和政府部门的规模和占比均高于美国,这表明中国高校和政府部门与企业之间的联系更加紧密。

第四章

中美科研论文产出比较

　　基础研究是科学之本、技术之源。科研论文作为基础研究的重要载体和主要表现形式,其规模和影响力基本上可以反映基础研究产出的数量与质量。本章基于科睿唯安(Clarivate Analytics)的 SCI 论文数据,从科研论文、高水平科研论文、国际科研合作论文及其学科分布和影响力等方面,比较分析中美两国在基础研究方面的差异。

一、科研论文的数量与影响力

科研论文的数量反映了科学研究的体量，经常被用于测量科研活动的规模。科研论文被引用次数是衡量其学术价值的重要参数，代表科研成果被国际同行关注、认可的程度，因而其常被用来测度科研成果的影响力。基于 2000—2016 年的 SCI 论文数据，本节从科研论文数量和科研论文影响力（学科规范化的引文影响力，Category Normalized Citation Impact）两个方面，比较分析中美两国科研产出的规模与影响力的差异。

（一）科研论文的数量

中美科研论文数量差距快速缩小，中国有反超之势。长期以来，美国一直是世界第一科研论文产出大国，且始终保持较快增长速度。近 20 年来，中国科研论文产出迅猛增长，在 2005 年和 2006 年超过法国、英国、德国、日本等国后，成为世界第二科研论文大国，并快速向美国逼近。2000—2016 年，美国科研论文的年平均增长速度为 2.6%，而中国的增长速度为 16.5%，是美国的 6 倍多。中国若能继续过去的高速增长态势，则将在未来几年内赶超美国成为全球科研论文产出量最高的国家（表 4.1和图 4.1）。

表 4.1 2000—2016 年中美两国科研论文数量比较（单位：篇）

年份	中国	美国
2000	25 320	222 181
2001	30 089	222 038
2002	34 274	225 380
2003	41 778	233 833
2004	52 642	242 995
2005	65 193	251 642
2006	78 394	258 928
2007	87 566	262 690
2008	100 380	270 017
2009	115 882	273 115
2010	127 971	283 333
2011	149 567	296 596
2012	174 128	305 722
2013	205 770	318 596
2014	238 432	322 680
2015	267 289	327 630
2016	292 941	334 105

数据来源：http://www.webofscience.com/

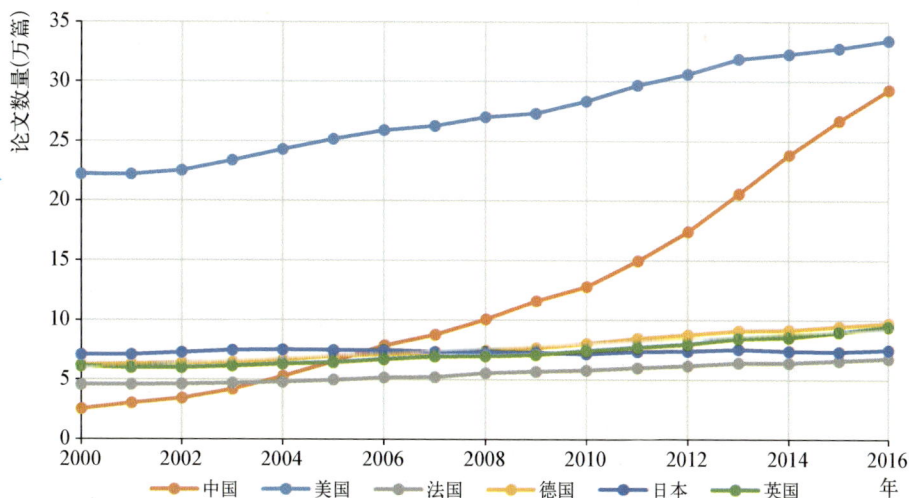

图 4.1 2000—2016 年中美两国及其他主要发达国家
科研论文数量的变化趋势比较

数据来源：http://www.webofscience.com/

（二）科研论文的影响力

中美两国科研论文影响力差距巨大，但中国影响力快速上升，美国略有下降。2000—2016 年，中国科研论文规范化引文影响力快速上升，由 2000 年的 0.68 上升至 2016 年的 1.09；美国科研论文规范化引文影响力则持续保持在 1.4 左右，但近年来有所下降，从 2011 年的 1.40 下降至 2016 年的 1.35。整体而言，美国科研论文影响力始终高于中国，但随着中国科研论文影响力的快速上升，中美差距在快速缩小。

对比其他主要发达国家发现，英国科研论文影响力的快速上升尤为引人注目。英国在 2009 年超越美国成为世界科研论文影响力最大的国家，且两国的差距逐年拉大。至 2016 年，英国科研论文影响力达到 1.54。法国和德国两国的科研论文影响力增长轨迹几乎一致，至 2016 年，两国科研论文影响力与美国不相上下。日本的科研论文影响力上升趋势较缓，2016 年仅为 0.98，低于全球平均水平（全球平均科研论文影响力为 1），也低于中国。（表 4.2 和图 4.2）。

表 4.2　2000—2016 年中美两国科研论文引文影响力比较（单位：％）

年份	中国	美国
2000	0.68	1.40
2001	0.69	1.41
2002	0.76	1.41
2003	0.78	1.41
2004	0.80	1.40
2005	0.80	1.38
2006	0.82	1.39
2007	0.88	1.39
2008	0.93	1.40
2009	0.96	1.40
2010	0.98	1.41
2011	1.00	1.40
2012	1.03	1.40
2013	1.04	1.38
2014	1.05	1.37
2015	1.07	1.37
2016	1.09	1.35

数据来源：http://www.webofscience.com/

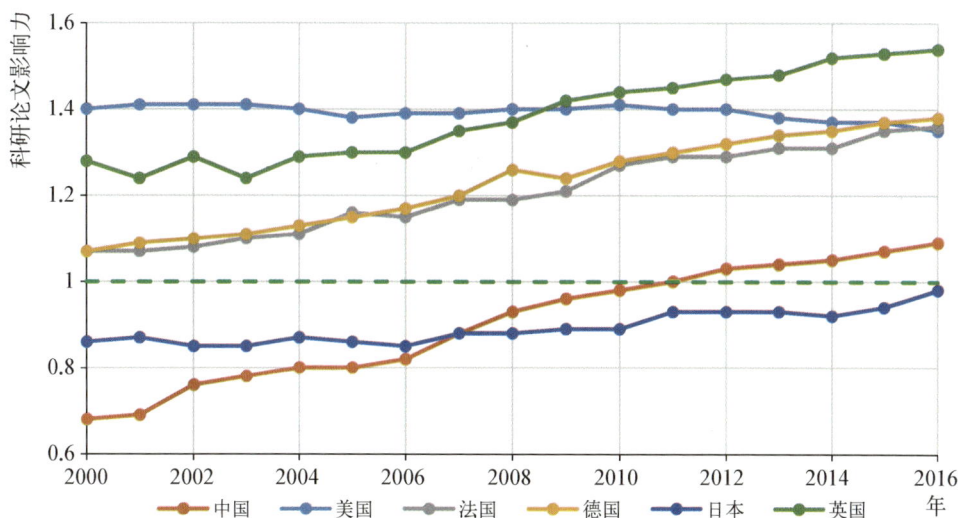

图 4.2 2000—2016 年中美两国及其他主要发达
国家科研论文影响力比较

数据来源：http://www.webofscience.com/

二、高水平科研论文

高水平科学研究引领科研发展的方向，对于国家科技能力的提升有着至关重要的作用。本节从 ESI 高被引论文、顶级期刊（Nature 和 Science）论文数量和自然指数等三个方面，比较分析中美两国高水平科学研究的差异。

（一）ESI 高被引论文

美国高被引论文数量远大于中国，中美差距虽不断缩小，但依然显著。
2008—2016 年，中美两国的 ESI 高被引论文数量都呈现出逐年增长的态势，分别由 2008 年的 693 篇和 3 950 篇增长至 2016 年的 2 992 篇和 5 203 篇。不过，虽然中国的年均增长率达到 20.1%，远超美国的 3.5%，且中美差距由 2008 年的 3 257 篇缩减至 2016 年的 2 211 篇,但由于基数相差较大,中美两国在高被引论文数量上的差距依然显著。对比其他主要国家发现,美国是全球 ESI 高被引论文数量最高的国家,中国在 2012 年超越英国后,位居全球高被引论文数量第二位(表 4.3 和图 4.3)。

表 4.3　2008—2016 年中美两国 ESI 高被引论文数量比较(单位：篇)

年份	中国	美国
2008	693	3 950
2009	836	3 988
2010	1 059	4 428
2011	1 294	4 713
2012	1 562	4 921
2013	1 925	5 035
2014	2 241	5 157
2015	2 667	5 306
2016	2 992	5 203

数据来源：http://www.webofscience.com/

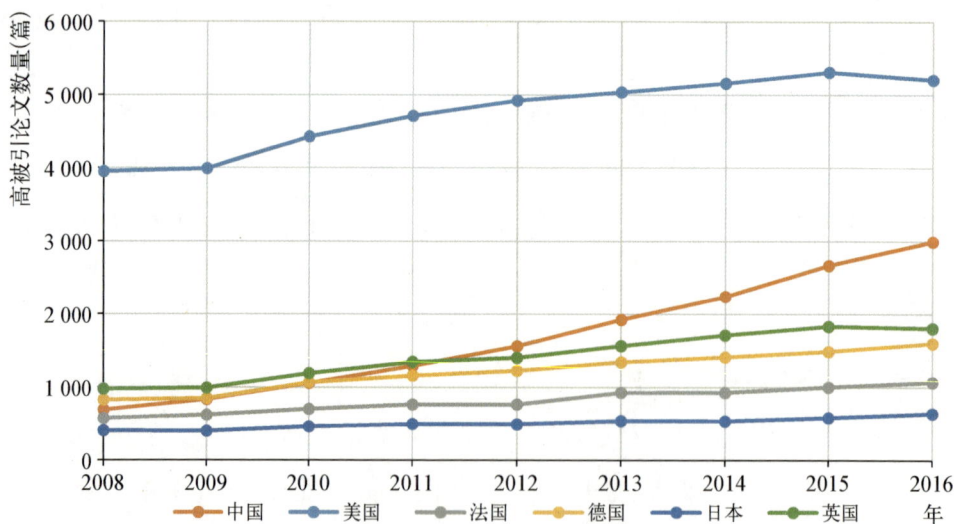

图 4.3　2008—2016 年中美两国及其他主要发达国家 ESI 高被引论文数量比较

数据来源：http://www.webofscience.com/

(二) N-S 期刊论文

美国顶级期刊论文规模远超中国。长期以来,美国在 Nature-Science 顶级期刊论文数量上一直遥遥领先世界其他国家。2000—2016 年,美国的顶级期刊论文数量呈现出波动下降的趋势,由 2000 年的 1 350 篇下降至 2016 年的 1 103 篇;中国则呈稳步上升态势,由 2000 年的 20 篇上升至 2016 年的 167 篇。但由于中美差距过大,因而在顶级期刊论文规模上,美国的优势依然十分明显,中美差距巨大。与其他主要国家相比,中国顶级期刊论文数量在 2013 年超过日本,且与法国的差距逐渐缩小,但仍然低于德国和英国(表 4.4 和图 4.4)。

表 4.4 2000—2016 年中美两国 N-S 期刊
论文数量比较(单位:篇)

年份	中国	美国
2000	20	1 350
2001	34	1 261
2002	32	1 265
2003	28	1 172
2004	44	1 209
2005	41	1 252
2006	41	1 191
2007	44	1 101
2008	53	1 179
2009	73	1 154
2010	93	1 152
2011	86	1 146
2012	99	1 132
2013	131	1 104
2014	146	1 146
2015	140	1 123
2016	167	1 103

数据来源:http://www.webofscience.com/

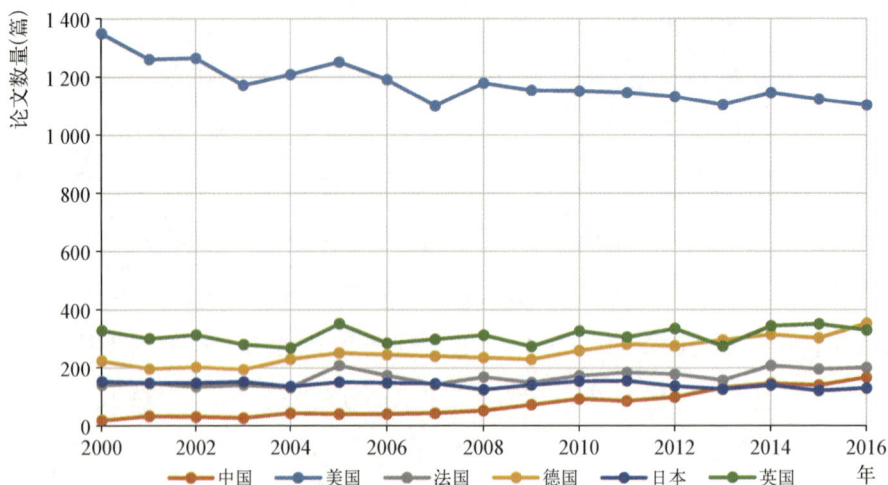

图 4.4   2000—2016 年中美两国及其他主要发达国家顶级期刊论文数量比较

数据来源：http://www.webofscience.com/

（三）自然指数规模

美国自然指数规模远高于中国，中美差距显著。2015—2017 年，无论是在文章分值（FC）还是在论文总数（AC）上，美国的自然指数规模皆呈现出逐年下降的态势，FC 和 AC 分别由 2015 年的 20 833.8 和 27 607 下降至 2017 年的 19 579.0 和 26 683；而中国的自然指数规模则逐年上升，FC 和 AC 分别由 2015 年的 7 682.0 和 10 701 上升至 2017 年的 9 088.7 和 12 566。从整体上看，虽然中美两国增长趋势不一，但美国自然指数规模仍然远大于中国，且两者差距较显著，但中国相对法国、德国、英国和日本等主要国家，具有明显优势（表 4.5、图 4.5 和图 4.6）。

表 4.5   2015—2017 年中美两国自然指数比较

年份	FC 指数		AC 指数	
	中国	美国	中国	美国
2015	7 682.0	20 833.8	10 701	27 607
2016	8 115.2	20 089.6	11 218	26 998
2017	9 088.7	19 579.0	12 566	26 683

数据来源：https://www.natureindex.com/

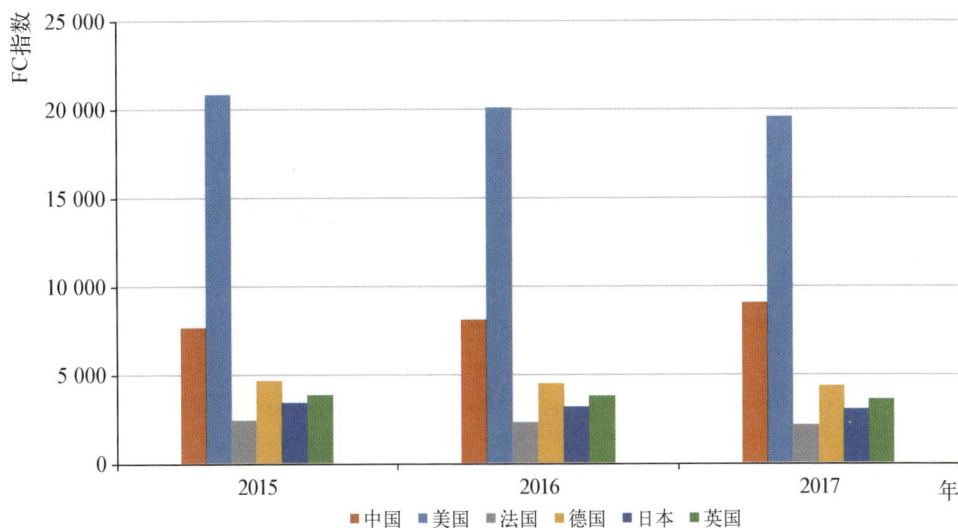

图 4.5　2015—2017 年中美两国及其他主要发达国家
文章分值（FC）自然指数规模变化比较

数据来源：https://www.natureindex.com/

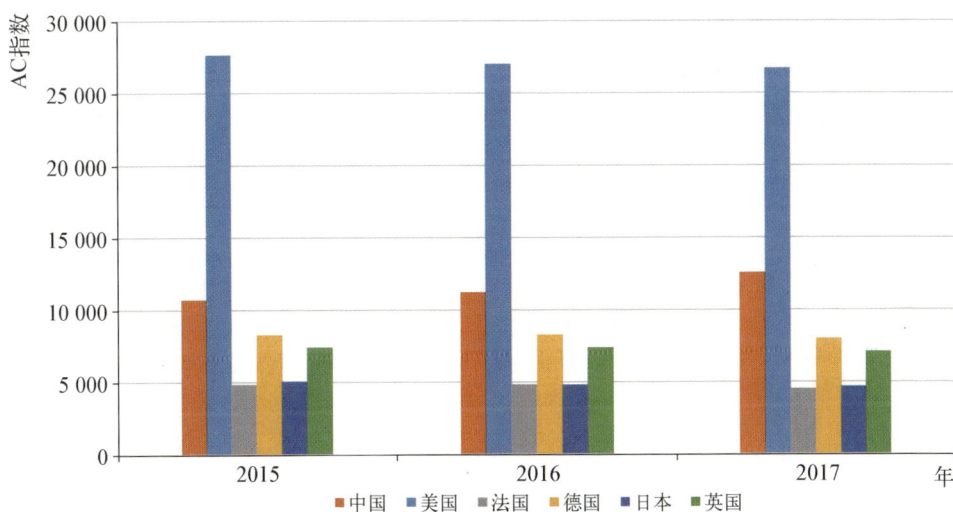

图 4.6　2015—2017 年中美两国及其他主要发达国家
论文总数（AC）自然指数规模变化比较

数据来源：https://www.natureindex.com/

三、国际科研合作论文的数量与影响力

21 世纪以来，科研全球化的广度和深度不断加强，科学正在走向"全球化的科学"。当前的科学研究已经从个人、机构和国家进入合作时代，国际科研合作已成为前沿科学发现的主导力量，催生了众多高质量的科研成果。本节比较分析中美国际科研合作的规模与影响力的差异。

（一）国际科研合作论文的数量

美国国际科研论文合作量远超中国，中美差距呈扩大趋势。 2000—2016 年，中美两国的国际科研论文合作量皆呈现出快速上升的趋势，分别由 2000 年的 5 573 篇和 52 608 篇增长至 2016 年的 73 723 篇和 146 171 篇。不过，虽然中国的年均增长率高达 17.5％，远超美国的 6.6％，但中美两国的差距由 2000 年的 47 035 篇增长至 2016 年的 72 448 篇，中美差距呈持续扩大态势。对比全球其他主要国家发现，美国国际科研论文合作量始终位居全球第一，而中国在 2014 年超过英国后，成为仅次于美国的国际科研论文合作大国（表 4.6 和图 4.7）。

表 4.6　2000—2016 年中美两国国际科研合作论文数量比较（单位：篇）

年份	中国	美国
2000	5 573	52 608
2001	6 614	55 392
2002	7 749	58 548
2003	9 221	62 556
2004	11 251	66 439
2005	13 187	70 009
2006	15 849	74 042
2007	17 707	79 008
2008	21 315	83 776
2009	25 057	88 308
2010	29 476	95 567

续　表

年份	中国	美国
2011	34 919	103 934
2012	40 138	111 152
2013	47 782	120 275
2014	55 651	127 050
2015	64 217	134 917
2016	73 723	146 171

数据来源：http://www.webofscience.com/

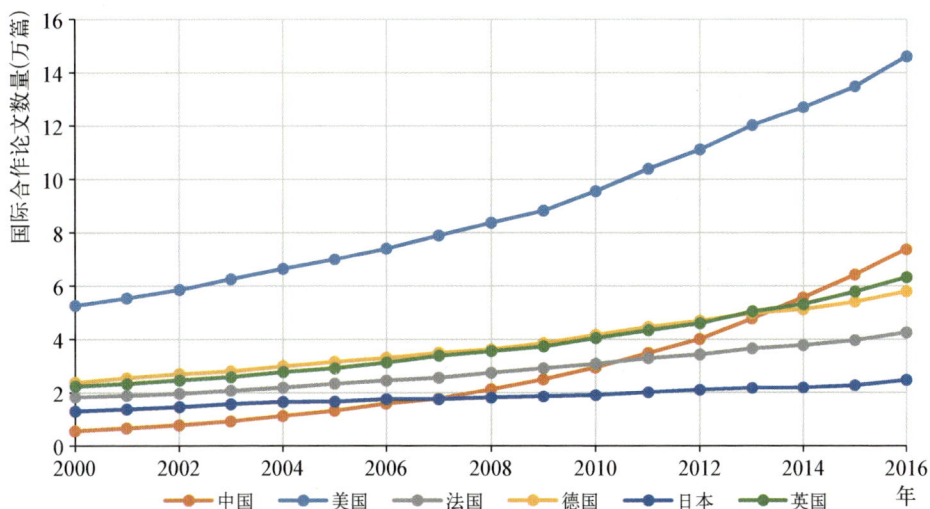

图 4.7　2000—2016 年中美两国及其他主要发达国家的
国际科研合作论文数量比较

数据来源：http://www.webofscience.com/

（二）国际科研合作论文的影响力

中国国际科研合作论文的影响力显著增强，中美差距逐渐缩小。
2000—2016 年，中国国际科研合作论文的影响力上升趋势明显，从 2000 年
的 1.11 上升至 2016 年的 1.55；而美国国际科研合作论义的影响力上升幅
度较小，仅从 2000 年的 1.58 上升至 2016 年的 1.63。整体而言，中国国际
科研合作论文的影响力与美国差距逐渐缩小。对比其他主要国家发现，英

国的国际科研合作论文的影响力最高，在 2016 年达到 1.77，其次是法国和德国，美国和中国居后（表 4.7 和图 4.8）。

表 4.7　2000—2016 年中美两国国际科研合作论文影响力比较

年份	中国	美国
2000	1.11	1.58
2001	1.11	1.58
2002	1.19	1.58
2003	1.18	1.58
2004	1.23	1.59
2005	1.26	1.55
2006	1.26	1.57
2007	1.33	1.59
2008	1.39	1.6
2009	1.46	1.62
2010	1.44	1.66
2011	1.46	1.67
2012	1.55	1.7
2013	1.51	1.65
2014	1.52	1.64
2015	1.53	1.65
2016	1.55	1.63

数据来源：http://www.webofscience.com/

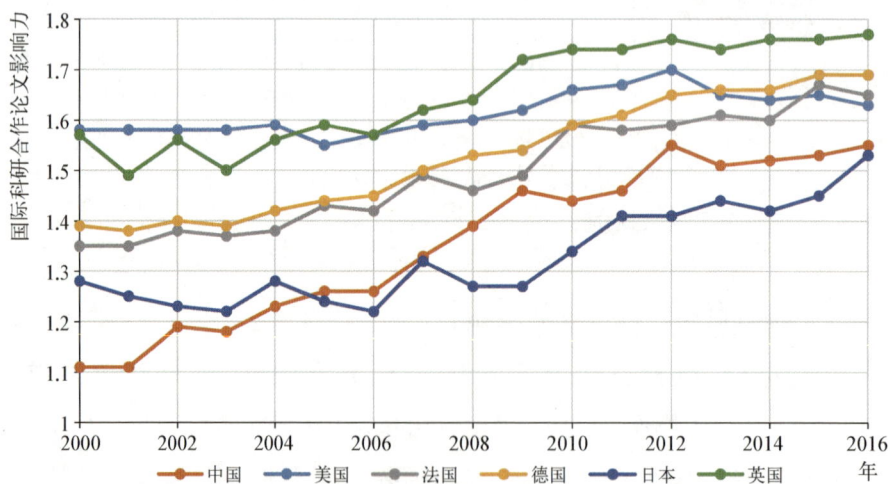

图 4.8　2000—2016 年中美两国及其他主要发达国家国际科研
合作论文影响力的变化趋势比较

数据来源：http://www.webofscience.com/

四、学科分布与影响力

学科是科学体系的基本组成单元,其竞争力态势决定了整体科研竞争力水平。本节从学科视角出发,对比中美两国的主要学科规模与影响力差异,识别中美两国的学科优势与劣势。

(一)科研论文的学科分布

中国科研论文发文量最大的学科是化学,美国科研产出的第一学科是临床医学。中国有七个学科论文数量超过美国,其中,化学、工程科学、材料科学学科研论文数量优势明显。从 2016 年科研论文的学科分布来看,中国学科发文量前五的学科分别是化学(51 971 篇)、工程科学(39 276 篇)、材料科学(33 375 篇)、临床医学(31 751 篇)、物理学(26 273 篇)。美国学科发文量前五的学科则分别是临床医学(78 556 篇)、化学(27 003 篇)、工程科学(23 531 篇)、物理学(22 164)、生物学与生物化学(18 815 篇)。

中国在化学、工程科学、材料科学三个学科上的论文数量明显多于美国,分别领先 24 968 篇、20 124 篇、15 745 篇;物理学、计算机科学、农业科学、药理学与毒物学论文数量稍占优势。**美国则在临床医学、神经科学与行为科学、精神病学/心理学科研论文数量上大幅超过中国,**分别领先 46 805 篇、16 356 篇、11 907 篇。其中,美国精神病学/心理学的科研论文发文量是中国的 10.7 倍。另外,美国在空间科学与免疫学这两个学科上也具有较大优势,发文量分别是中国的 4.2 倍和 3.2 倍(表 4.8 和图 4.9)。

表 4.8　2016 年中美各学科论文数量与国际排名

学　　科	中国		美国	
	论文数量(篇)	国际排名	论文数量(篇)	国际排名
农业科学	6 902	1	6 541	2
生物学与生物化学	14 902	2	18 815	1

续　表

学　科	中国		美国	
	论文数量（篇）	国际排名	论文数量（篇）	国际排名
化学	51 971	1	27 003	2
临床医学	31 751	2	78 556	1
计算机科学	11 780	1	8 301	2
工程科学	39 276	1	23 531	2
环境/生态学	11 113	2	14 285	1
地球科学	10 934	2	13 790	1
免疫学	2 597	2	8 356	1
材料科学	33 375	1	13 251	2
数学	9 103	2	9 377	1
微生物学	3 195	2	5 537 .	1
分子生物学与遗传学	12 584	2	17 403	1
综合交叉学科	473	2	737	1
神经科学与行为科学	5 432	2	17 339	1
药理学与毒物学	7 789	1	7 624	2
物理学	26 273	1	22 164	2
植物学与动物科学	10 183	2	16 577	1
精神病学/心理学	1 682	8	18 038	1
空间科学	1 626	6	6 880	1

数据来源：http://www.webofscience.com/

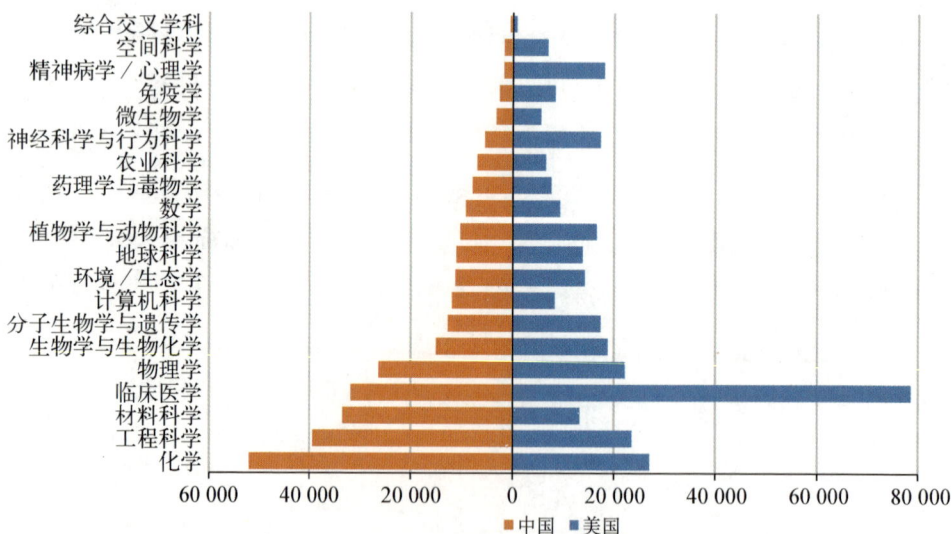

图 4.9　2016 年中美两国各学科科研论文发文量（篇）对比

数据来源：http://www.webofscience.com/

就各学科科研论文发文量国际占比而言，中国在材料科学、化学、计算机科学、工程科学上占据优势，美国则在精神病学/心理学、空间科学、免疫学、神经科学与行为科学、临床医学上大幅领先中国。2016 年，中国科研论文发文量国际占比前五的学科分别为材料科学（35.9％）、化学（30.1％）、计算机科学（29.1％）、工程科学（27.7％）和分子生物学与遗传学（25.8％），发文量国际占比均超过 25％，这意味着在全球范围内这些学科中至少有 1/4 的论文有中国学者参与。美国科研论文发文量国际占比前五的学科则分别为空间科学（46.6％）、精神病学/心理学（43.6％）、免疫学（37.8％）、神经科学与行为科学（37.5％）和分子生物学与遗传学（35.7％）。其中，空间科学表现尤为抢眼，美国学者发表了该领域内近 50％的科研论文（图 4.10）。

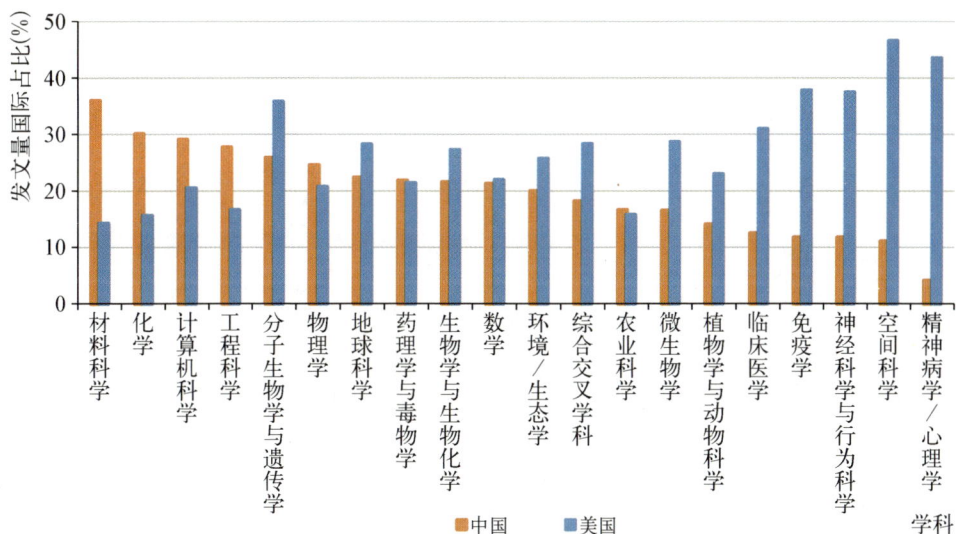

图 4.10 2016 年中美两国各学科科研论文发文量国际占比比较

数据来源：http://www.webofscience.com/

在列举的 20 个学科中，中国有 7 个学科的科研论文发文量位居全球第一，而剩余 13 个学科的科研论文发文量美国均居全球第一。2016 年，中国科研论文发文量全球排名第一的学科是农业科学、化学、计算机科学、工程科学、材料科学、药理学与毒物学、物理学。除了空间科学、精神病学/心理学分别位列世界第六和第八以外，其余学科的科研论文发文量均位居世界第二。美国除了有7个学科的科研论文发文量全球排名第二以外，其余学科的科研论文发文量总量均位居全球第一（表4.8）。

化学是中国科研论文增量最多的学科，而美国科研论文增量最多的学科是临床医学。中国有17个学科的科研论文数量增加超过美国，仅有精神病学/心理学、空间科学、神经科学与行为科学不及美国。 2000—2016年，中国各学科科研论文发文量均有较大幅度的增加，排名前五的学科分别是化学（44 726篇）、工程科学（36 965篇）、临床医学（30 636篇）、材料科学（30 138篇）、物理学（21 414篇）。美国仅有临床医学科研论文数量增加显著，其余学科增量平稳，排名前五的学科分别是临床医学（29 511篇）、精神病学/心理学（7 998篇）、环境/生态学（7 958篇）、化学（7 800篇）、工程科学（7 479篇）（图4.11）。

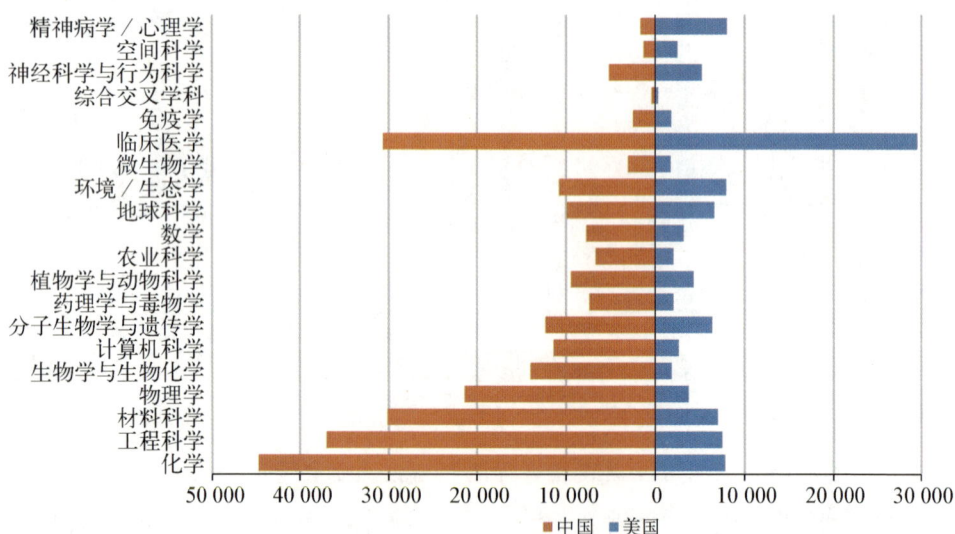

图4.11　2000—2016年中美两国各学科科研论文增长数量（篇）对比分析

数据来源：http://www.webofscience.com/

中国各学科科研论文发文量增幅较大，展现出强劲的发展态势，且均优于美国各学科的表现。 2000—2016年，中国学科科研论文发文量增幅最大的是分子生物学与遗传学,增幅为 4 426.6%,其后依次为精神病学/心理学(3 904.8%)、环境/生态学(3 298.5%)、计算机科学(2 928.3%)、农业科学(2 824.6%)。与此同时,美国科研论文发文量增幅最大的学科是环境/生态学,增幅为 125.8%,其后依次为材料科学(112.4%)、地球科学(92.2%)、精神病学/心理学(79.7%)、综合交叉学科(62.7%)(图 4.12)。

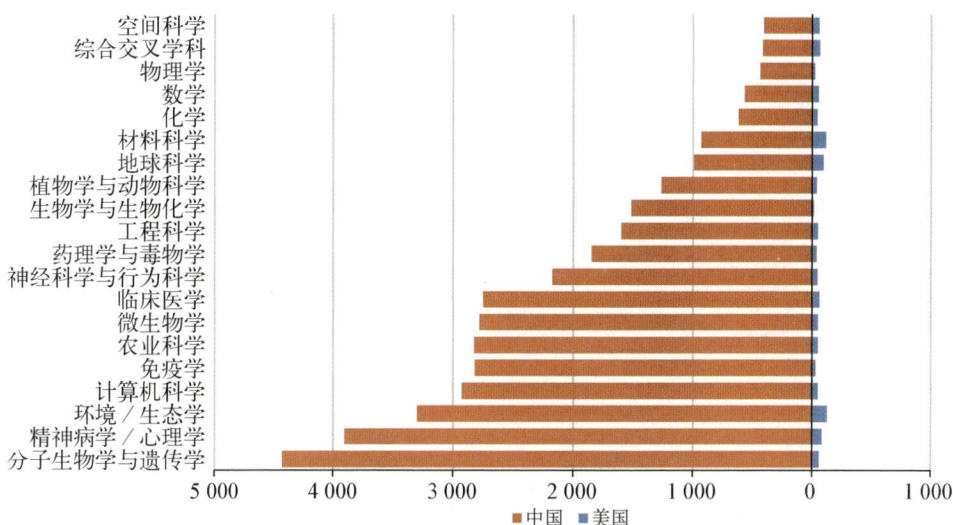

图 4.12　2000—2016 年中美两国各学科科研论文发文量增幅(%)比较

数据来源:http://www.webofscience.com/

(二) 国际科研合作论文的学科分布

中国国际科研合作论文发文量最大的学科是工程科学,而临床医学则是美国国际科研合作论文发文量第一的学科。中国仅有材料科学、工程科学的国际科研合作论文发文量略微多于美国,其余学科远不及美国。2016年,中国国际科研合作论文发文量前五的学科分别是工程科学(10 584篇)、化学(9 391 篇)、材料科学(7 361 篇)、物理学(7 130 篇)和临床医学(6 131 篇)。美国国际科研合作论文发文量前五的学科则分别为临床医学

（26 337 篇）、物理学（12 083 篇）、化学（11 817 篇）、工程科学（10 392 篇）和
分子生物学与遗传学（8 988 篇）。在材料科学、工程科学领域内，中国的国
际科研合作论文发文量分别比美国多 389 篇、192 篇。美国则在其余学科
全面领先中国：在生物学与生物化学领域内，美国国际科研合作论文发文
量比中国多 26 337 篇；在精神病学／心理学、空间科学、免疫学、临床医学领
域内，美国国际科研合作论文发文量大幅超过中国，分别为中国的 6.18 倍、
5.27 倍、5.17 倍、4.30 倍（图 4.13）。

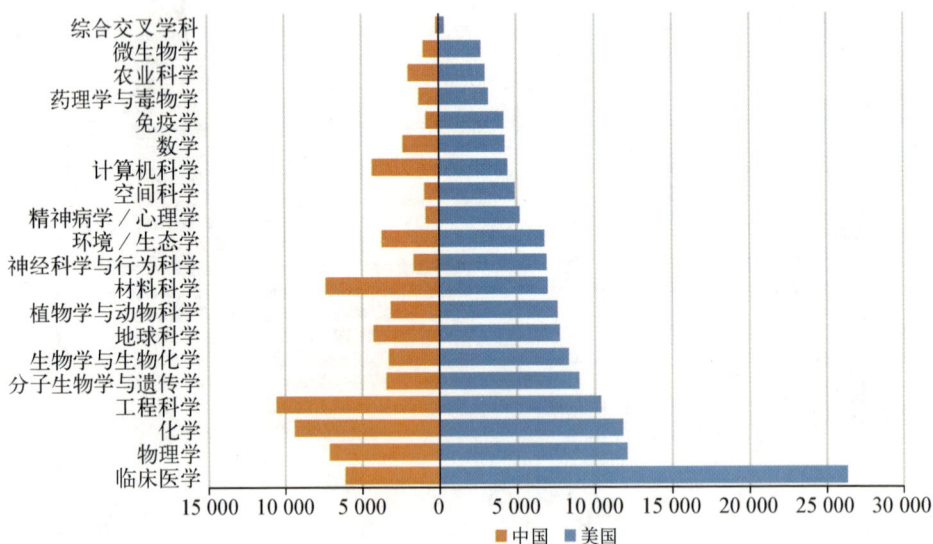

图 4.13　2016 年中美两国各学科国际科研合作论文发文量（篇）比较

数据来源：http://www.webofscience.com/

　　**工程科学是中国国际科研合作论文数量增加最大的学科，美国国际科
研合作论文发文量增加最多的学科是临床医学，中国多数学科增量不及美
国。** 2000 年，中国国际科研合作论文数量最多的学科是物理学，也是唯一
合作量突破 1 000 篇的学科。2016 年，中国论文国际合作量超过 1 000 篇
的学科达到 15 个。中国国际科研合作论文数量增量前五的学科分别为工
程科学（10 002 篇）、化学（8 540 篇）、材料科学（6 802 篇）、物理学（5 974
篇）、临床医学（5 765 篇）。美国仅有临床医学国际科研合作论文数量增加

显著,其余学科增量平稳,排名前五的学科分别是临床医学(17 917 篇)、化学(7 456 篇)、工程科学(7 181 篇)、分子生物学与遗传学(5 883 篇)、环境/生态学(5 568 篇)(图 4.14)。

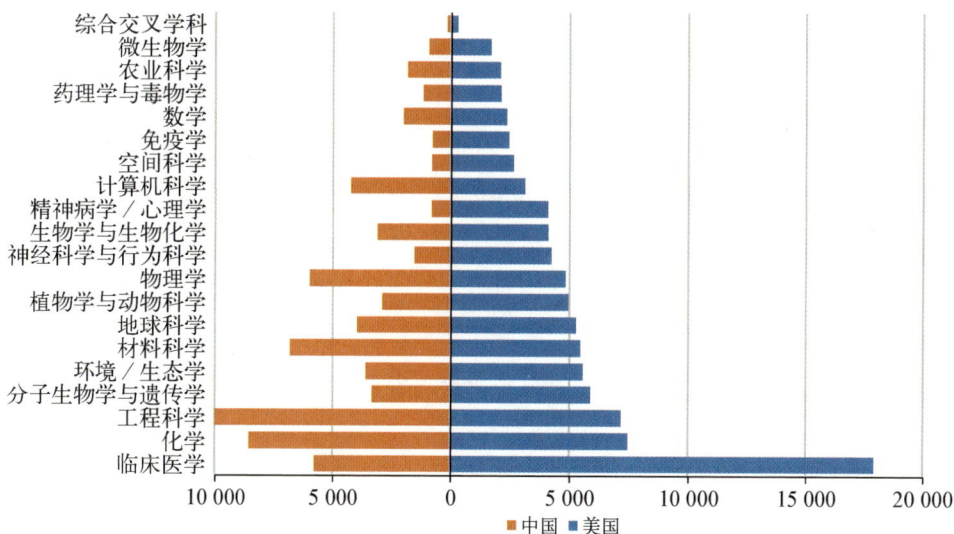

图 4.14　2000—2016 年中美两国各学科国际科研合作论文
发文量增长数量(篇)比较

数据来源:http://www.webofscience.com/

中国各学科国际科研合作论文增幅显著,表现出积极的合作态势,优于美国各学科的表现。2000—2016 年,中国国际科研合作论文发文量增幅最大的学科是计算机学科,高达 4 322.4%,分子生物学与遗传学、环境/生态学、精神病学/心理学紧随其后,增幅均超过 2 000%。环境/生态学是美国增幅最大的学科,为 458.6%,增幅大于 300% 的学科还有精神病学/心理学、综合交叉学科、材料科学。美国所有学科均有不同程度的提升,不过低于同期中国增长(图 4.15)。

为了消除不同学科领域差异带来的影响,本报告计算了学科国际合作相对活跃度(PAI),凸出(PAI>1)或凹陷(PAI<1)意味着该学科国际合作相对活跃或欠活跃。**中国国际科研合作最为活跃的学科是计算机科学,美**

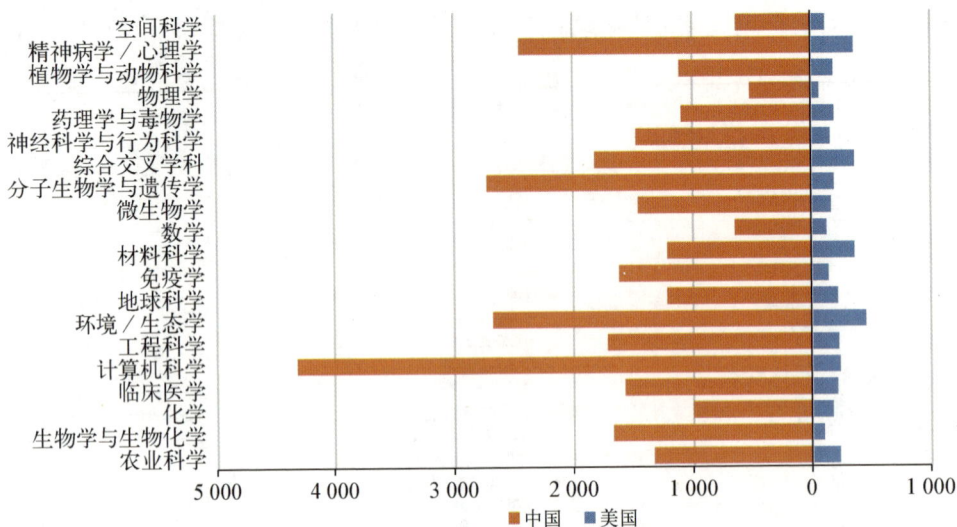

图 4.15　2000—2016 年中美两国各学科国际科研合作论文增幅（％）比较

数据来源：http://www.webofscience.com/

国则是空间科学。计算机科学是中国国际科研合作最为活跃的学科，活跃度达到 1.72。中国国际科研合作活跃度大于 1 的学科还有材料科学、工程科学、化学、地球科学、综合交叉学科、分子生物学与遗传学、物理学、环境/生态学，这意味着这些学科比其他学科更为活跃地参与国际合作。美国国际科研合作相对活跃度最高的学科是空间科学，其后依次为分子生物学与遗传学、免疫学、神经科学与行为科学、临床医学、精神病学/心理学、综合交叉学科、生物学与生物化学、微生物学、地球科学。相比而言，中国国际科研合作相对活跃的学科是应用学科，美国则是基础研究学科，反映出中美两国优势科研领域的差异（图 4.16）。

（三）高被引论文的学科分布

　　化学是中国 ESI 论文最多的学科，美国则是临床医学"一家独大"。中国有 6 个学科 ESI 论文数量超过美国，其中，工程科学、材料科学、计算机科学、化学 ESI 论文数量优势明显。2016 年，中国 ESI 论文数量前五的学科

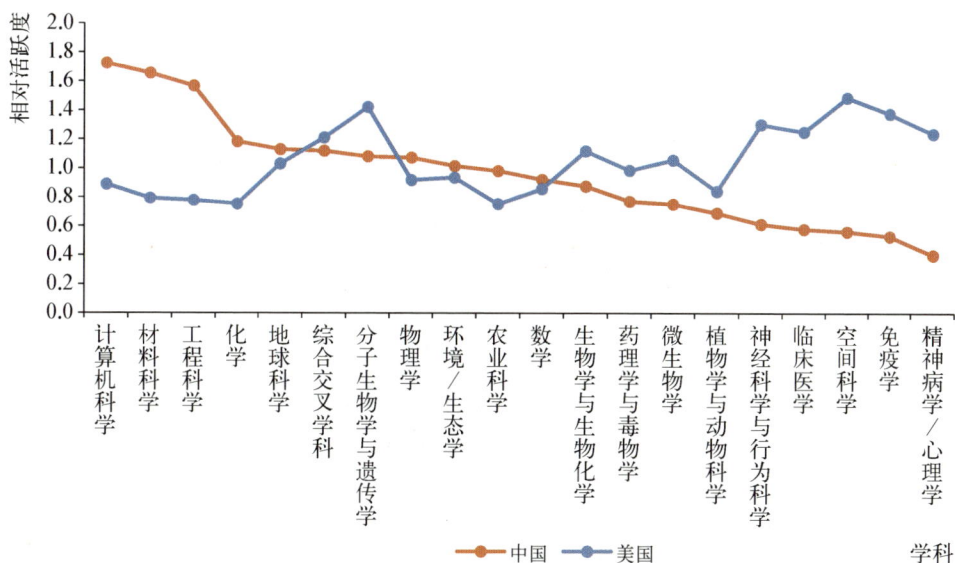

图 4.16　2016 年中美两国各学科国际合作相对活跃度比较

数据来源：http://www.webofscience.com/

分别是化学(538 篇)、工程科学(521 篇)、材料科学(424 篇)、物理学(262 篇)、计算机科学(256 篇)。美国 ESI 论文数量前五的学科分别是临床医学(1 467 篇)、物理学(482 篇)、化学(424 篇)、生物学与生物化学(344 篇)、分子生物学与遗传学(296 篇)。中国在工程科学、材料科学、计算机科学、化学四个学科的 ESI 论文数量上多于美国，分别领先 299 篇、193 篇、169 篇、114 篇；数学和农业科学 ESI 论文数量稍占优势。美国则在临床医学的 ESI 论文数量上大幅领先中国，为 1 294 篇；生物学与生物化学、分子生物学与遗传学、物理学、神经科学与行为科学领域也强于中国的表现。此外，美国在精神病学/心理学、神经科学与行为科学、临床医学、免疫学、空间科学的 ESI 论文数量上也具有较大优势，分别为中国的 25.9 倍、9.7 倍、8.5 倍、8.1 倍、7.8 倍(图 4.17)。

　　工程科学是中国 ESI 论文数量增加最多的学科，美国 ESI 论文增量第一的学科是临床医学。中国所有学科发文量均正向增长，美国部分

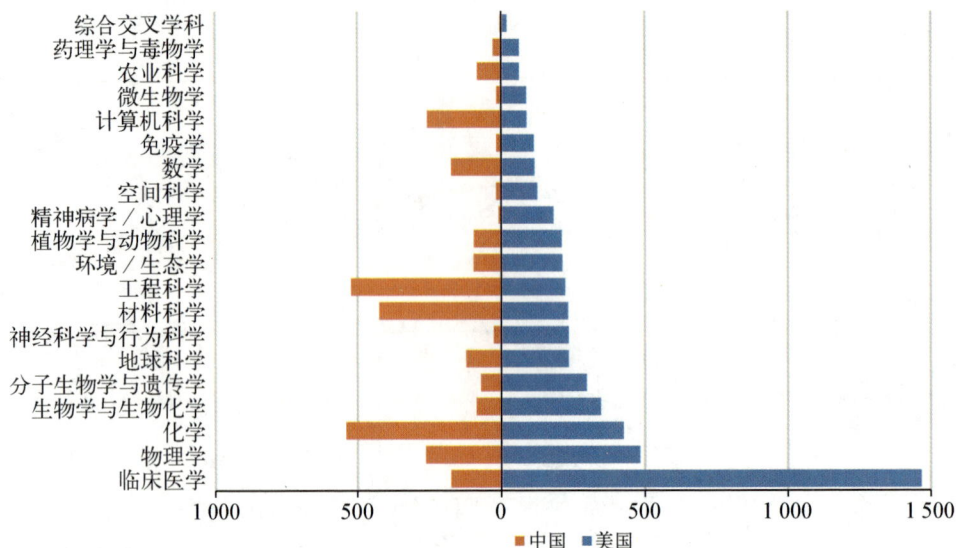

图 4.17　2016 年中美两国各学科 ESI 论文数量（篇）比较

数据来源：http://www.webofscience.com/

学科小幅下降。2000—2016 年，中国各学科 ESI 论文发文量均有不同程度的增加，排名前五的学科分别是工程科学（401 篇）、化学（392 篇）、材料科学（348 篇）、计算机科学（233 篇）、物理学（184 篇）。美国仅有临床医学 ESI 论文数量增加显著，多数学科增量平稳，排名前五的学科分别是临床医学（494 篇）、生物学与生物化学（130 篇）、分子生物学与遗传学（99 篇）、环境/生态学（95 篇）、化学（91 篇）。相比而言，中国有 10 个学科 ESI 论文数量增量超过美国，另外 10 个学科增量不及美国（图 4.18）。

中国各学科 ESI 论文发文量增幅显著，展现出强劲的发展态势，优于美国各学科的表现。2000—2016 年，中国 ESI 论文发文量增幅最大的学科是免疫学和微生物学，增幅为 1 300%；药理学与毒物学、计算机科学的增幅也十分靠前，分别为 1 250%、1 013%。美国大多数学科的 ESI 论文发文量具有不同程度的提升，其中，增幅最为明显的学科是综合交叉学科，为 216.7%（图 4.19）。

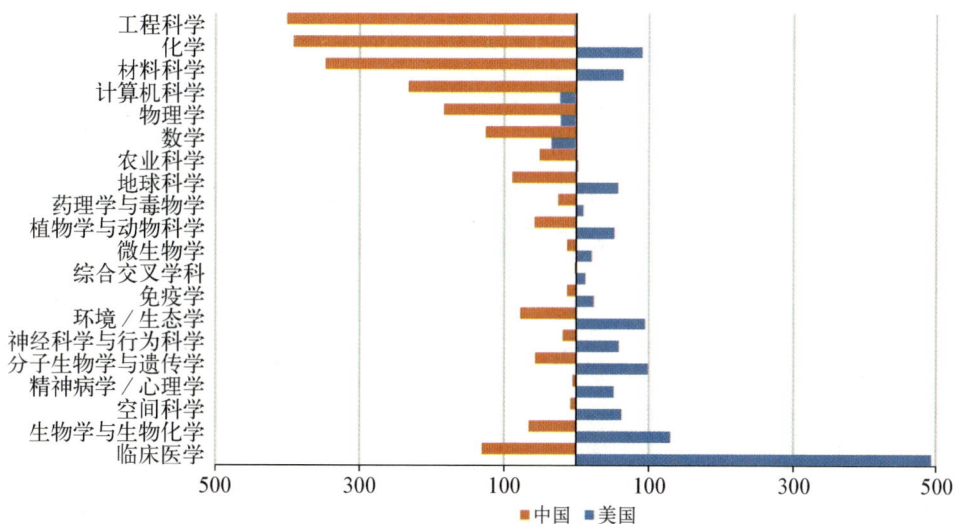

图 4.18　2000—2016 年中美两国各学科 ESI 论文增长数量(篇)比较

注：同侧为增加，异侧为减少。

数据来源：http://www.webofscience.com/

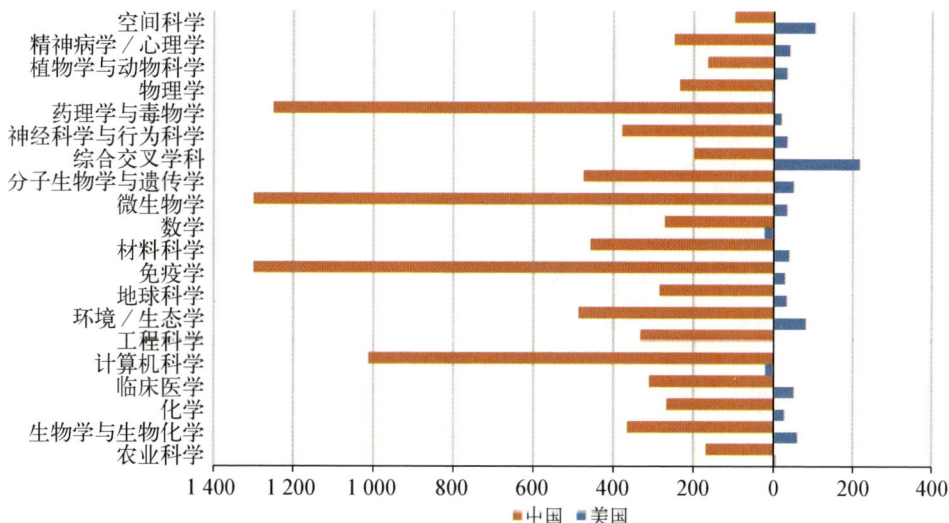

图 4.19　2000—2016 年中美两国各学科 ESI 论文发文量增幅(%)比较

注：同侧为增加，异侧为减少。

数据来源：http://www.webofscience.com/

（四）N-S期刊论文的学科分布

分子生物学与遗传学同为中美顶级期刊论文最多的学科，美国所有学科的N-S期刊论文数量均超过中国，中美差距显著。2016年，中国顶级期刊论文数量排名前五的学科分别是分子生物学与遗传学（50篇）、化学（22篇）、物理学（18篇）、地球科学（16篇）、生物学与生物化学（14篇）。美国N-S期刊论文数量排名前五的学科分别是分子生物学与遗传学（273篇）、化学（118篇）、生物学与生物化学（107篇）、物理学（104篇）、地球科学（104篇）。美国所有学科领域内的N-S期刊论文数量均多于中国。其中，美国在分子生物学与遗传学领域内大幅领先中国，为223篇；化学、生物学与生物化学、地球科学、物理学、神经科学与行为科学领域也大幅优于中国的表现。此外，中国有6个学科未能在N-S期刊上发表论文，包括药理学与毒物学、计算机科学、工程科学、精神病学/心理学、农业科学和数学；而美国只有2个学科，包括农业科学和数学（图4.20）。

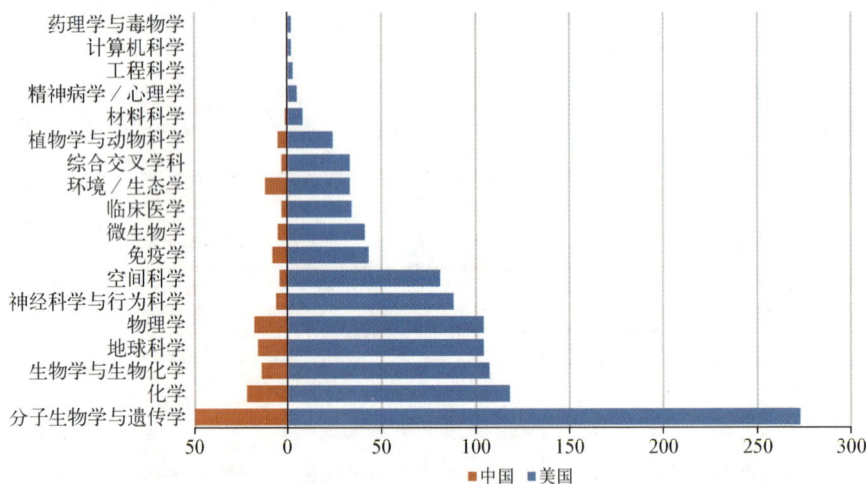

图4.20 2016年中美两国各学科顶级期刊论文数量（篇）比较

注：同侧为增加，异侧为减少。

数据来源：http://www.webofscience.com/

化学是美国N-S期刊论文数量增加最多的学科，中国则是分子生物学与遗传学。中国多数学科N-S期刊论文增量表现优于美国的表现。2000

年,中国 N-S 期刊论文数量最多的学科是地球科学;2016 年,该学科被分子生物学与遗传学所取代。中国 N-S 期刊论文数量增加排名前五的学科分别是分子生物学与遗传学(48)、化学(21)、物理学(18)、生物学与生物化学(14)、环境/生态学(12)。美国仅有 6 个学科 N-S 期刊论文数量增加,其中,化学学科增加最为显著,为 60 篇。美国多数学科 N-S 期刊论文数量出现较大幅度下降,如地球科学、综合交叉学科、分子生物学与遗传学、物理学等(图 4.21)。

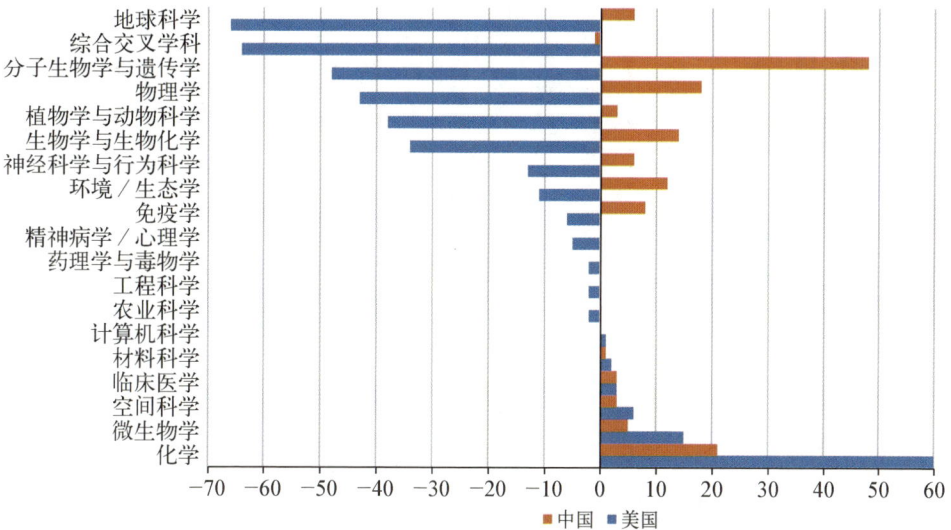

图 4.21 2000—2016 年中美两国各学科顶级论文增长数量(篇)比较

数据来源:http://www.webofscience.com/

(五) 基于科研论文的学科影响力

计算机科学是中国最具影响力的学科,美国则是物理学。中国大部分学科影响力不及美国,8 个学科未达到全球平均水平。2016 年,中国影响力排名前四的学科分别是是计算机科学(1.34)、农业科学(1.31)、材料科学(1.23)、植物学与动物科学(1.23)。美国的优势学科为物理学(1.59)、综合交叉学科(1.57)、微生物学(1.5)、临床医学(1.46)、分子生物学与遗传学(1.46)。中国微生物学、分子生物学与遗传学、生物学与生物化学等领域的影响力显著低于美国。此外，美国所有学科的论文影响力均高于全球平均值，中国还有 8 个学科的论文影响力未达到全球平均水平(图 4.22)。

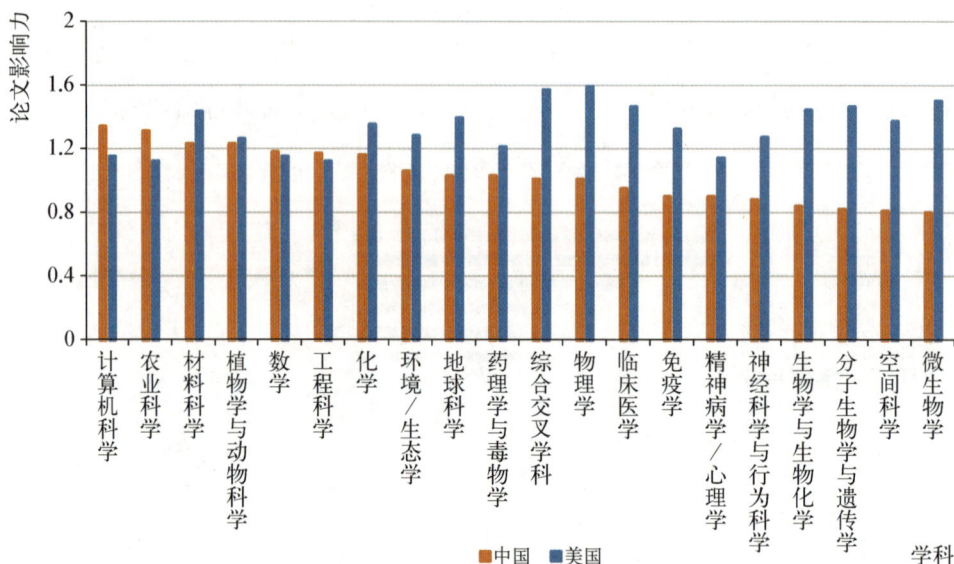

图 4.22　2016 年中美两国各学科科研论文影响力比较

数据来源：http://www.webofscience.com/

中国大部分学科论文影响力显著提升，而美国大部分学科论文影响力有所下降。2000 年，中国仅有农业科学、精神病学/心理学论文影响力超过 1；2016 年，中国影响力超过 1 的学科达到 12 个。计算机科学是中国影响力进步最大的学科，从 2000 年的 0.52 提升至 2016 年的 1.34。综合交叉学科是美国影响力下降幅度最大的学科，从 2000 年的 2.22 下降至 2016 年的 1.57。从 2000 年至 2016 年，美国有 12 个学科的影响力呈下降态势，但美国所有学科的影响力均超过 1，高于全球平均水平(图 4.23)。

中国各学科论文影响力增幅明显，体现出良好的发展态势，绝大多数学科论文影响力增幅比美国明显。2000—2016 年，中国仅有精神病学/心理学和微生物学这两个学科的论文影响力有所下降，其余学科均正向增长。其中，计算机科学的论文影响力增幅最大，高达 157.7%。美国影响力降幅最大

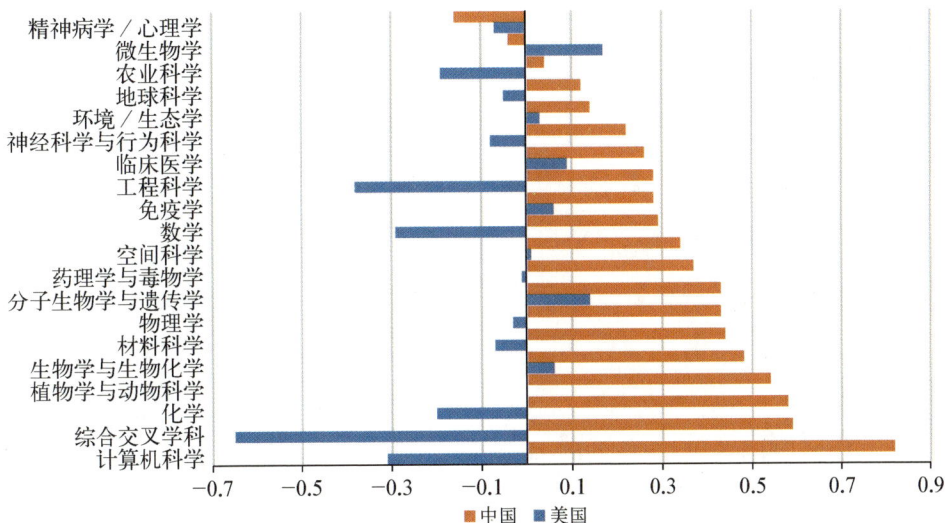

图 4.23 2000—2016 年中美两国各学科论文影响力增量比较

数据来源：http://www.webofscience.com/

的学科是综合交叉学科，下降了 29.3％。中国除了精神病学/心理学和微生物学影响力增幅不及美国以外，其余学科均优于美国（图 4.24）。

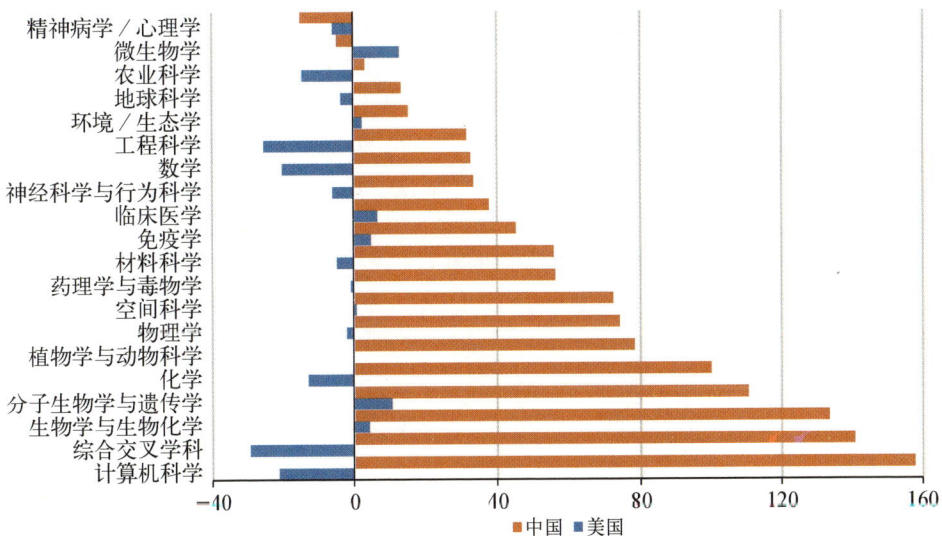

图 4.24 2000—2016 年中美两国各学科论文影响力增幅（％）比较

数据来源：http://www.webofscience.com/

五、本章小结

本章从科研论文的数量与影响力、高水平科研论文的规模、国际科研合作论文的数量与影响力和学科分布与影响力四个方面，对比分析了中美两国在科研论文产出方面的差异，结果发现：

1. 在科研论文的产出规模上，中国在近十几年来增长迅速，与美国的差距不断缩小，且有反超之势。

2. 在科研论文的产出质量上，中国仍远落后于美国。如在"科研论文影响力"、"ESI高被引论文规模"、"N-S期刊论文规模"、"自然指数规模"、"国际科研合作论文规模"、"国际科研合作论文影响力"等指标上，中国虽都保持高速增长态势，但与美国的差距还很显著。

3. 在科研论文的学科分布上，化学是中国论文规模最大和数量增加最多的学科，临床医学是美国论文产出第一和增量第一的学科。计算机科学是中国引文影响力最大和进步最显著的学科，美国则分别是物理学和微生物学。工程科学是中国国际科研合作论文规模最大和数量增加最多的学科，临床医学是美国国际科研论文合作量第一和增量第一的学科。中国ESI论文数量规模最大和增加最多的学科分别是化学与工程科学，美国则是临床医学"一家独大"。分子生物学与遗传学是中国N-S期刊论文规模最大和数量增加最多的学科，美国则分别是分子生物学与遗传学和化学，美国所有学科N-S期刊论文数量均大幅领先于中国，中美学科差距显著。

第五章

中美发明专利产出比较

　　发明专利是国家知识存量和技术储备的重要组成部分，是国家技术创新能力的显著标志之一，代表了国家技术开发的能力和对未来潜在市场的开拓能力。本章采用世界知识产权组织（WIPO）和 OECD 的专利数据，从专利申请与授权、专利的技术领域分布以及专利申请的国际化程度等三个方面，比较分析中美两国发明专利产出的差异。

一、专利申请与授权

根据世界知识产权组织（WIPO）的定义，专利（patent）是对发明授予的专有权利。专利申请量反映了一个国家的技术产出规模。申请与授权是专利最主要的状态形式。WIPO 通过对其受理的国际专利申请进行统计、对各国家/地区知识产权局进行年度调查等途径来获取世界各国/地区的专利数据。本节选取 WIPO 的知识产权统计数据中心（WIPO IP Statistics Data Center）作为数据源，从本国专利局受理的居民与非居民专利申请量、每百万居民专利申请量、每千亿美元 GDP 居民专利申请量、申请人为本国国籍的专利申请量与专利授权量、有效专利拥有量、PCT 专利申请情况等方面，比较分析中美两国专利产出规模的差异。

（一）本国受理的居民与非居民专利申请量

中国受理的居民专利申请量已远超美国，而受理的非居民专利申请量与美国还存在不小差距。本国受理的居民和非居民专利申请量分别表征的是一国内部发明创造的能力和该国技术市场被国际认可的程度。2000—2016 年，中美两国按申请人国籍属性划分的本国受理的居民专利申请量和非居民专利申请量都呈上升趋势。

在本国受理的居民专利申请量方面，中国由 2000 年的 2.5 万件迅速上升至 2016 年的 1 205.0 万件，年均增长率达到 27.3％；美国则由 2000 年的 164.8

万件上升至 2016 年的 295.3 万件,年均增长率仅为 3.7％。2016 年,中国本国受理的居民专利申请量超出美国 910 万件(表 5.1 和图 5.1)。

表 5.1　2000—2016 年中美两国本国受理的居民和
非居民专利申请量(单位:件)

年份	居民专利申请量		非居民专利申请量	
	中国	美国	中国	美国
2000	25 346	164 795	26 560	131 100
2001	30 038	177 513	33 412	148 958
2002	39 806	184 245	40 426	150 200
2003	56 769	188 941	48 548	153 500
2004	65 786	189 536	64 598	167 407
2005	93 485	207 867	79 842	182 866
2006	122 318	221 784	88 183	204 182
2007	153 060	241 347	92 101	214 807
2008	194 579	231 588	95 259	224 733
2009	229 096	224 912	85 508	231 194
2010	293 066	241 977	98 111	248 249
2011	415 829	247 750	110 583	255 832
2012	535 313	268 782	117 464	274 033
2013	704 936	287 831	120 200	283 781
2014	801 135	285 096	127 042	293 706
2015	968 252	288 335	133 612	301 075
2016	1 204 981	295 327	133 522	310 244

数据来源:World Bank Data

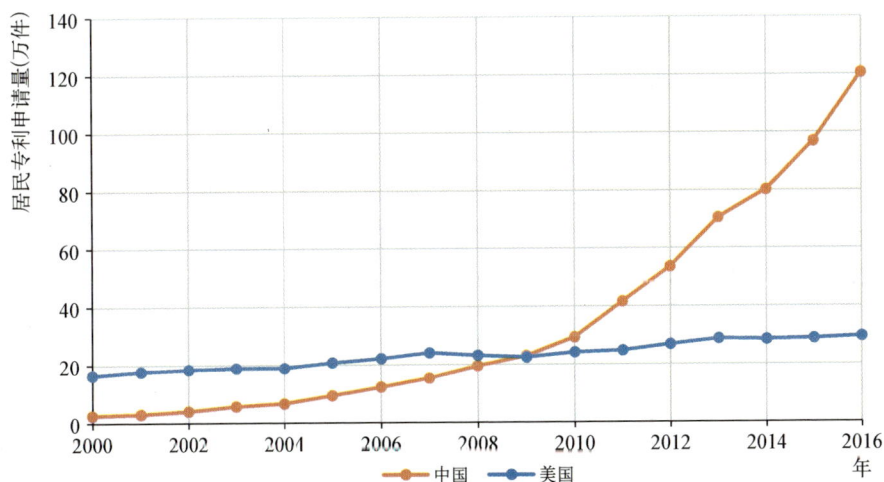

图 5.1　2000—2016 年中美两国本国受理的居民专利申请量比较
数据来源:World Bank Data

在本国受理的非居民专利申请方面，中国由 2000 年的 2.7 万件上升至 2016 年的 13.4 万件，美国由 2000 年的 13.1 万件上升至 2016 年的 31.0 万件，中国远低于美国，且差距呈扩大趋势（表 5.1、图 5.1 和图 5.2）。

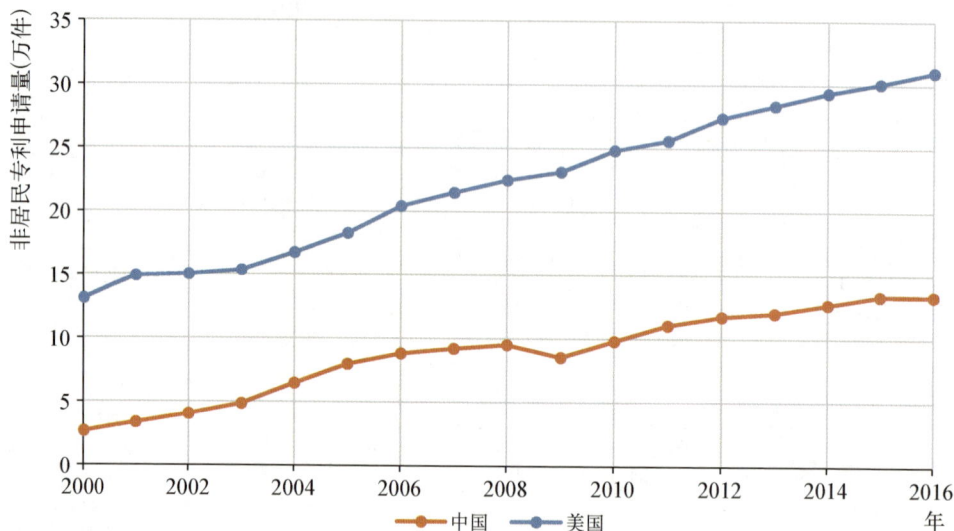

图 5.2　2000—2016 年中美两国本国受理的非居民专利申请量比较

数据来源：World Bank Data

（二）每百万居民专利申请量

在每百万居民专利申请量方面，中美差距不断缩小。2000—2016 年，中国和美国每百万居民专利申请量均呈增长态势。2000 年，美国每百万居民专利申请量为 584 件，中国仅为 20 件，美国为中国的 29.2 倍，中美差距悬殊。2016 年，美国每百万居民专利申请量为 914 件，中国快速增长至为 874 件，中美差距显著缩小。与其他主要发达国家相比，日本每百万居民专利申请量最高，但在 2000—2016 年期间呈现出持续下降的态势；德国每百万居民专利申请量与中国较为接近，法国与英国较低（表 5.2 和图 5.3）。

表 5.2 2000—2016 年中美两国每百万居民专利申请量比较(单位:件)

年份	中国	美国
2000	20	584
2001	24	623
2002	31	641
2003	44	651
2004	51	647
2005	72	703
2006	93	743
2007	116	801
2008	147	762
2009	172	733
2010	219	782
2011	309	795
2012	396	856
2013	519	910
2014	587	895
2015	706	899
2016	874	914

数据来源:WIPO

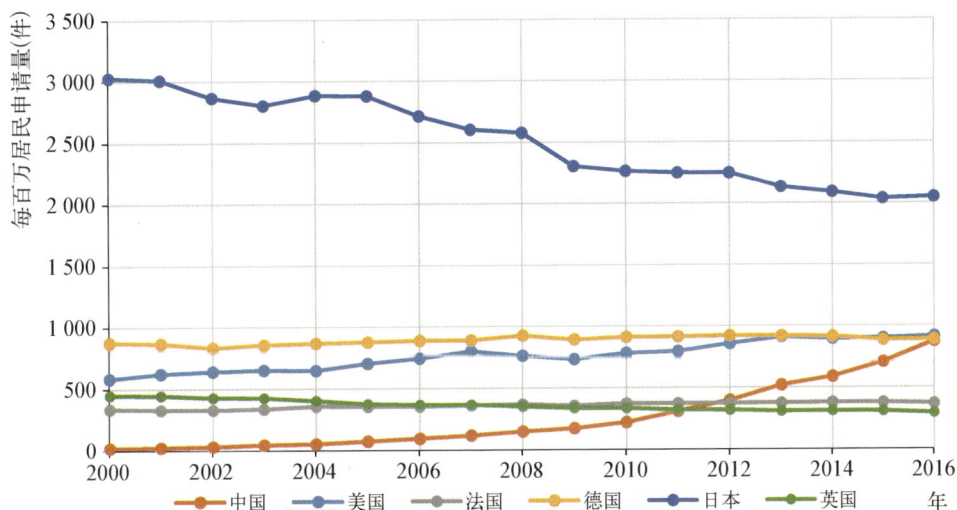

图 5.3 2000—2016 年中美两国及其他主要发达
国家每百万居民专利申请量

数据来源:WIPO

（三）每千亿美元 GDP 居民专利申请量

中国每千亿美元 GDP 居民专利申请量已远超美国，且领先优势不断扩大。 2000—2016 年，美国每千亿美元 GDP 居民专利申请量增长平稳，由 2000 年的 1 270 件增长至 2016 年的 1 716 件，年均增长幅度仅有 1.9%；而中国每千亿美元 GDP 居民专利申请量增长迅速，由 2000 年的 542 件增长至 2016 年的 6 069 件，年均增长幅度达到 16.3%。中国每千亿美元 GDP 居民专利申请量在 2007 年超越美国后，迅速拉开与美国的差距。对比其他主要发达国家发现，日本每千亿美元 GDP 居民专利申请量较高，但持续呈现出负增长态势，中国在 2016 年超越日本后跃居全球第一（表 5.3 和图 5.4）。

表 5.3　2000—2016 年中美两国每千亿美元 GDP 居民专利申请量比较（单位：件）

年份	中国	美国
2000	542	1 270
2001	593	1 355
2002	721	1 382
2003	934	1 378
2004	983	1 332
2005	1 254	1 414
2006	1 455	1 469
2007	1 594	1 571
2008	1 848	1 512
2009	1 989	1 510
2010	2 300	1 584
2011	2 979	1 597
2012	3 556	1 694
2013	4 345	1 785
2014	4 603	1 727
2015	5 204	1 702
2016	6 069	1 716

注：按 2011 年购买力平价计算；数据来源于 WIPO。

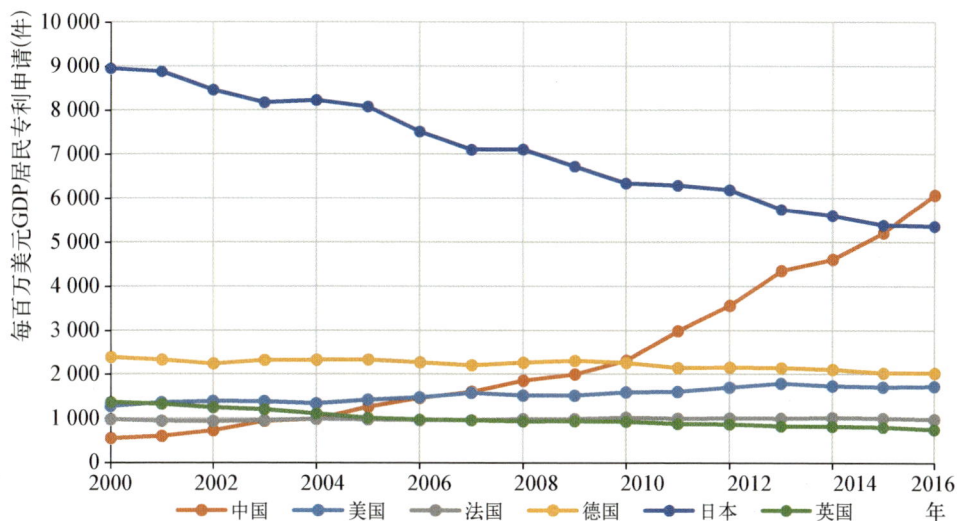

图 5.4　2000—2016 年中美两国及其他主要发达国家
每千亿美元 GDP 居民专利申请量比较

数据来源：WIPO

（四）申请人为本国国籍的专利申请与授权

在申请人为本国国籍的专利申请量方面，中国已远超美国，且差距持续扩大。 申请人为本国国籍的专利申请与授权量不仅包括该国申请人在其国内申请和授权的专利，还包括该国申请人在他国、其他国际性机构（如WIPO）申请和授权的专利。2000 年，申请人为美国国籍的专利申请量为28.0 万件，而申请人为中国国籍的专利申请量仅有 2.6 万件，美国为中国的10.6 倍。2016 年，申请人为美国国籍的专利申请量增长至 52.2 万件，而申请人为中国国籍的专利申请量快速增长至 125.7 万件，美国仅为中国的41％。申请人为中国国籍的专利申请量在 2012 年超越美国和日本后，迅速拉开了与美国及其他主要发达国家的差距，并稳居全球第一（表 5.4 和图 5.5）。

表 5.4　2000—2016 年中美两国申请人为本国国籍的
专利申请量、授权量及比值比较（单位：件）

年份	中国			美国		
	申请量	授权量	授权量/申请量	申请量	授权量	授权量/申请量
2000	26 445	6 446	0.24	280 390	136 671	0.49
2001	31 239	5 722	0.18	293 805	139 554	0.47
2002	41 418	6 348	0.15	291 806	143 849	0.49
2003	58 757	11 984	0.20	301 737	152 113	0.50
2004	69 017	18 967	0.27	330 854	147 631	0.45
2005	97 948	21 575	0.22	383 242	139 485	0.36
2006	129 290	26 356	0.20	404 260	158 896	0.39
2007	161 308	33 502	0.21	437 353	150 132	0.34
2008	204 268	48 919	0.24	428 881	149 998	0.35
2009	241 434	68 501	0.28	397 919	157 995	0.40
2010	308 326	84814	0.28	433 199	190 842	0.44
2011	436 170	118 130	0.27	440 632	202 057	0.46
2012	561 408	152 097	0.27	473 489	229 116	0.48
2013	734 096	154 471	0.21	501 162	244 165	0.49
2014	837 817	176 347	0.21	509 521	254 636	0.50
2015	1 010 615	279 508	0.28	530 662	257 027	0.48
2016	1 257 409	322 484	0.26	521 642	276 929	0.53

数据来源：WIPO

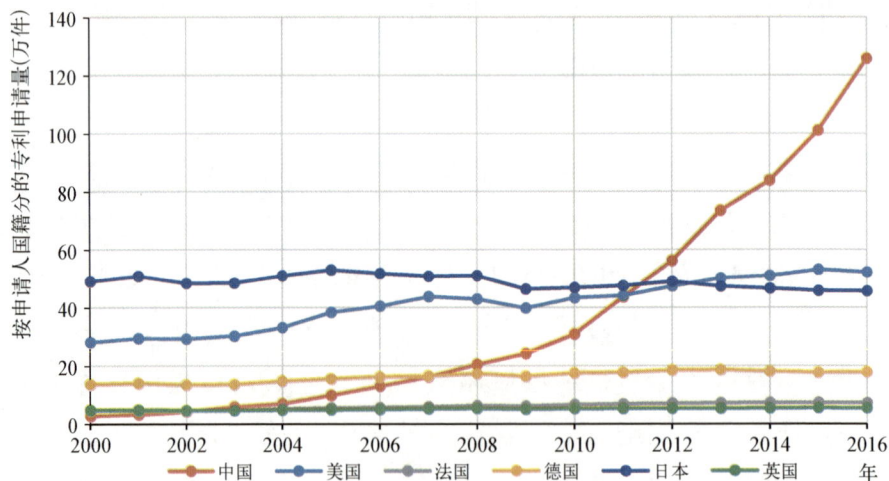

图 5.5　2000—2016 年中美两国及其他主要发达国家
申请人为本国国籍的专利申请量比较

数据来源：WIPO

在申请人为本国国籍的专利授权量方面,中国也已超过美国,但从专利申请量与专利授权量之比来看,中国的专利质量与美国差距较大。2000年,申请人为美国国籍的专利授权量为 13.7 万件,而申请人为中国国籍的专利授权量仅有 0.6 万件,中国远远落后于美国。2016 年,申请人为美国国籍的专利授权量增长至 27.7 万件,而申请人为中国国籍的专利授权量增长至 32.3 万件。中国在 2004 年、2007 年和 2009 年先后超过英国、法国和德国,在 2015 年超越美国和日本(表 5.4 和图 5.6)。专利授权量与专利申请量之比能够很好地反映一国专利的质量,通常被用来刻画一国技术创新产出的效率。从中美两国专利授权量与专利申请量之比来看,中国的专利产出效率远低于美国,中国专利质量与美国差距较大(表 5.4)。

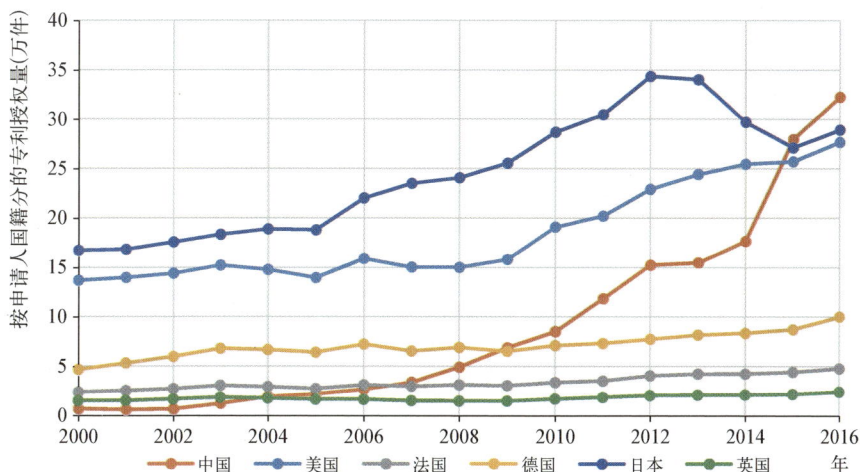

图 5.6　2000—2016 年中美两国及其他主要发达国家申请人
为本国国籍的专利授权量比较

数据来源:WIPO

(五) 申请人为本国国籍的有效专利拥有量

在申请人为本国国籍的有效专利拥有量上,中国远落后于美国。2007年,申请人为美国国籍的有效专利拥有量为 127.9 万件,而申请人为中国国籍的有效专利拥有量仅为 10.0 万件;2016 年,申请人为美国国籍的有效专利拥有量达到 218.7 万件,申请人为中国国籍的有效专利拥有量达到 123.8 万件。虽然申请人为中国国籍的有效专利拥有量年均增长率达到 32.2%,远超美国的 6.1%,但在总体规模上,中国与美国的差距依然很大(表 5.5 和图 5.7)。

表 5.5　2007—2016 年中美两国申请人为本国国籍的
有效专利拥有量比较(单位：件)

年份	中国	美国
2007	100 160	1 278 876
2008	134 357	1 374 405
2009	189 343	1 455 647
2010	272 433	1 612 085
2011	369 132	1 600 893
2012	501 081	1 771 359
2013	624 759	1 926 583
2014	759 617	2 043 389
2015	986 150	2 145 646
2016	1 238 233	2 187 226

数据来源：WIPO

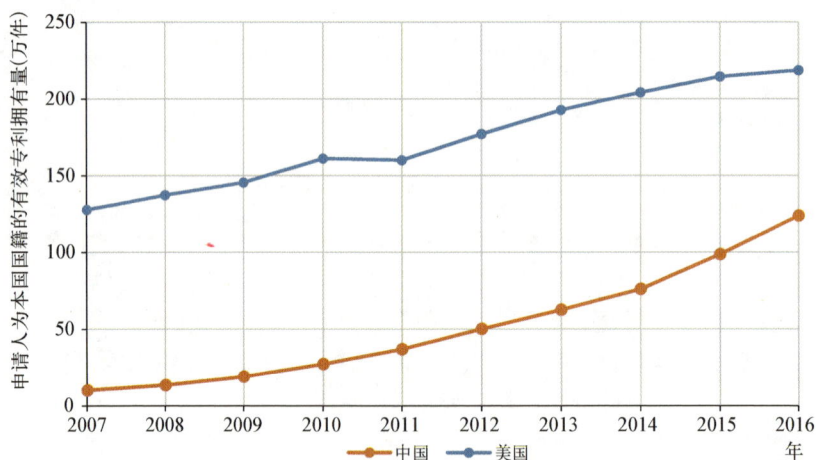

图 5.7　2007—2016 年中美两国申请人为本国国籍的有效专利拥有量比较
数据来源：WIPO

(六) PCT 专利申请情况

中国 PCT 专利申请量落后于美国,但差距不断缩小。2000 年,美国的 PCT

专利申请量为 38 015 件,中国的 PCT 专利申请量仅为 782 件,美国为中国的 48.6 倍;2016 年,美国的 PCT 专利申请量达到 56 591 件,而中国的 PCT 专利申请量也增长至 43 091 件,美国仅为中国的 1.9 倍,中美差距在不断缩小。2016 年,中国 PCT 专利申请量低于美国和日本,居世界第三位(表 5.6 和图 5.8)。

表 5.6　2000—2016 年中美两国 PCT 专利申请量比较(单位:件)

年份	中国	美国
2000	782	38 015
2001	1 730	43 059
2002	1 015	41 316
2003	1 297	41 046
2004	1 707	43 395
2005	2 503	46 879
2006	3 930	51 301
2007	5 454	54 057
2008	6 119	51 667
2009	7 900	45 655
2010	12 301	45 090
2011	16 397	49 206
2012	18 616	51 858
2013	21 508	57 453
2014	25 544	61 484
2015	29 838	57 131
2016	43 091	56 591

数据来源:WIPO

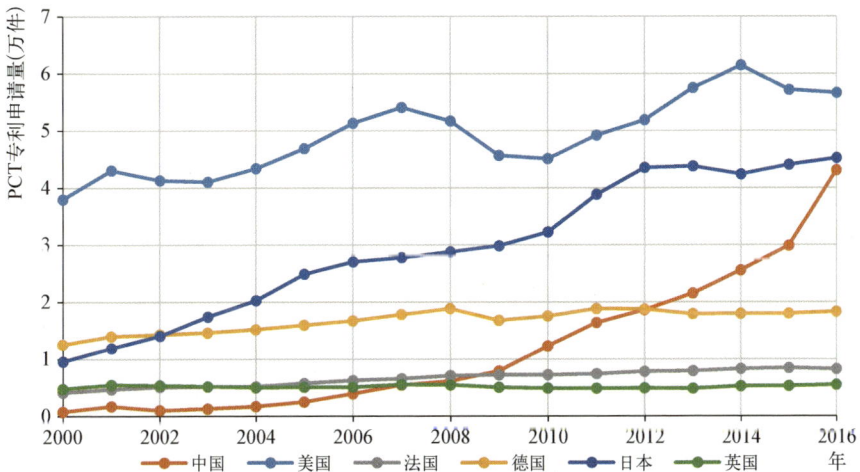

图 5.8　2000—2016 年中美两国及其他主要发达国家 PCT 专利申请量比较

数据来源:WIPO

二、专利技术领域比较

技术领域是技术体系的基本分析单元,本节从 PCT 专利技术领域出发,明晰中美两国的技术优势与劣势。世界知识产权组织(WIPO)根据专利分类划分了 35 个技术领域小类,并归并为三个大类,即电学、机械和化学(表 5.7)。

表 5.7　专利技术领域分类

电　学　类	机　械　类	化　学　类
IT 管理方法	操控	表面技术/涂层
半导体	测量	材料/冶金
电信	电机/仪器/能源	大分子化学/聚合物
基础通信	发动机/泵/涡轮机	化学工程
计算机技术	纺织和造纸机械	基础材料化学
视听技术	光学	生物材料分析
数字通信	环境技术	生物技术
	机械工具	食品化学
	机械元素	微结构和纳米技术
	家具/游戏	医疗技术
	控制	有机精细化学
	其他特殊机器	制药
	其他消费品	
	热工艺和设备	
	土木工程	
	运输	

数据来源：WIPO

(一) 技术领域大类的专利申请

美国 PCT 专利技术领域结构平衡,电学类、机械类、化学类"三足鼎立";中国 PCT 专利技术领域结构单一,电学类"一家独大"。 2000—2016年,中美两国三大类技术领域的 PCT 专利申请量整体上都呈现出明显的增长趋势,但在结构上体现出较大的差别,其中美国 PCT 专利技术领域从早

期的侧重于化学和机械两大类发展至后期的电学、机械和化学并重,结构
较为合理;而中国在电学领域的 PCT 专利申请量增长迅速,与美国的差距
不断缩小,但化学和机械领域则发展较慢,与美国差距明显(表 5.8、图 5.9
和图 5.10)。

表 5.8　2000—2016 年中美两国三大技术领域的
PCT 专利申请量比较(单位:件)

年份	中国			美国		
	电学类	机械类	化学类	电学类	机械类	化学类
2000	60	159	107	8 145	10 702	14 554
2001	126	283	1 051	12 033	12 459	16 050
2002	157	345	483	11 750	12 734	16 416
2003	245	477	351	10 624	13 420	17 256
2004	412	528	456	9 528	12 887	16 446
2005	613	634	475	11 388	14 952	18 188
2006	1 102	967	592	12 686	16 548	19 092
2007	2 168	1 289	719	15 343	17 079	19 908
2008	2 871	1 704	993	16 229	17 991	20 692
2009	3 482	1 821	977	13 375	15 680	18 587
2010	4 790	2 254	1 202	12 237	14 640	17 769
2011	6 726	3 393	1 740	12 093	15 135	17 550
2012	8 418	4 538	2 343	13 697	15 980	17 626
2013	8 051	6 185	2 475	17 269	17 921	18 593
2014	10 893	6 835	2 972	19 820	21 811	22 030
2015	12 024	7 927	3 222	17 142	18 826	18 275
2016	14 685	9 617	3 960	17 628	18 738	19 225

数据来源:WIPO

(二) 技术领域小类的专利申请

美国 PCT 专利申请主要分布于计算机技术、医疗技术、数字通信技术、
制药、测量等领域。中国 PCT 专利申请主要分布于数字通信技术、计算机
技术、电机/仪器/能源、视听技术、光学技术等领域。2016 年,在 35 个技术

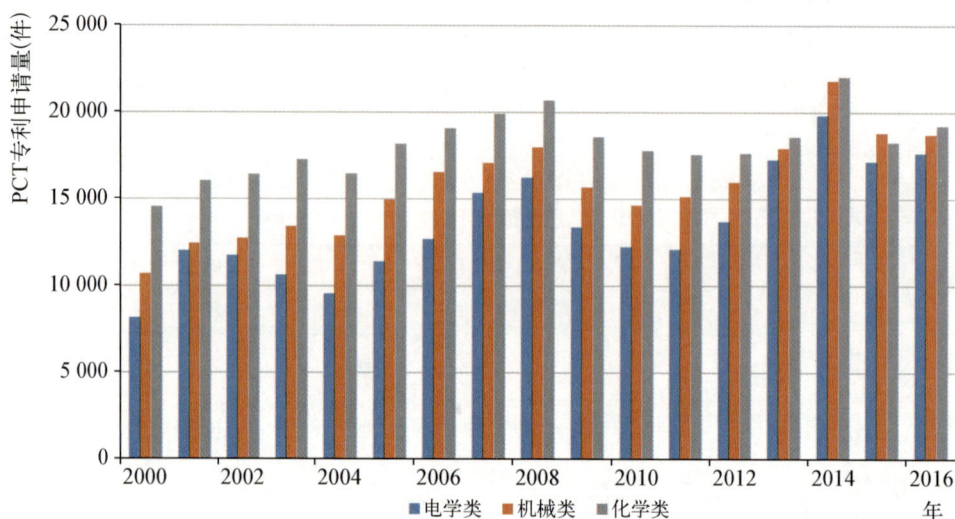

图 5.9　2000—2016 年美国三大技术领域 PCT 专利申请量

数据来源：WIPO

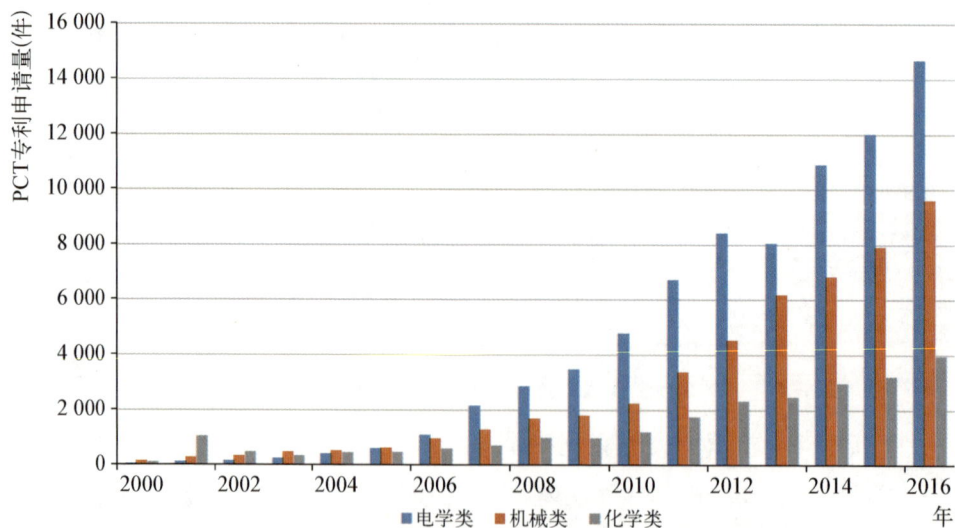

图 5.10　2000—2016 年中国三大技术领域 PCT 专利申请量

数据来源：WIPO

小类中,美国在 31 个技术小类上的 PCT 专利申请量超过中国,尤其在计算机技术、医疗技术、制药技术、仪器技术、测量技术、生物技术等方面,远远超过中国;而中国仅有 4 个技术小类的 PCT 专利申请量超过美国,分别为数字通信技术、视听技术、电信技术和光学技术。相较于美国,中国存在多个技术短板领域,尤其在高精尖技术领域,如微结构和纳米技术、生物材料分析等,中国的技术创新能力依然较弱(图 5.11)。

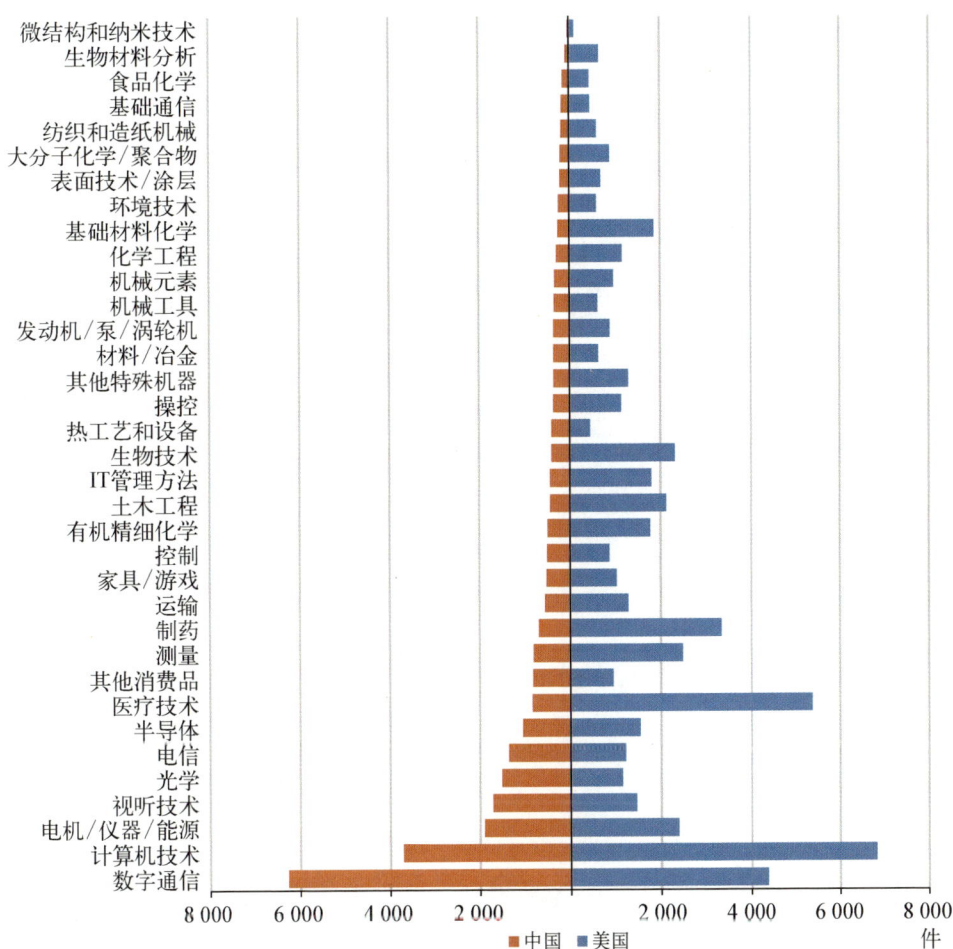

图 5.11　2016 年中美两国技术领域小类的 PCT 专利申请量

数据来源:WIPO

三、专利申请的国际化程度

专利合作申请反映了专利产出的国际化程度，本节以 PCT 专利为例，从专利申请国际合作的数量、专利申请国际合作率、PCT 专利国际合作对象等方面对比中美两国专利申请的国际化程度。

（一）国际合作数量

美国 PCT 专利申请的国际合作规模远超中国，且中美差距持续扩大。2000 年，美国 PCT 专利申请国际合作量为 4 171 件，中国仅为 140 件；2014年，美国 PCT 专利申请国际合作量达到 7 450 件，中国也增长至 1 973 件。尽管中国 PCT 专利申请国际合作量的年均增长率（20.8%）远高于美国（4.2%），但合作的绝对数量仍与美国有较大差距，且总体呈扩大趋势。对比其他主要发达国家发现，美国的 PCT 专利申请国际合作量不仅远高于中国，也远高于德国、英国、法国和日本；中国的 PCT 专利申请国际合作量在 2008 年超过日本后，于 2014 年超过英国，与德国的差距也在不断缩小（表 5.9 和图 5.12）。

表 5.9　2000—2014 中美两国 PCT 专利申请国际合作量比较（单位：件）

年份	中国	美国
2000	140	4 171
2001	160	4 340
2002	222	4 412
2003	324	4 825
2004	370	5 260
2005	545	5 723
2006	690	6 065
2007	754	6 144
2008	817	5 600
2009	1 016	5 532
2010	1 206	6 196
2011	1 533	6 784

续 表

年份	中国	美国
2012	1 742	7 238
2013	1 807	7 578
2014	1 973	7 450

数据来源：OECD

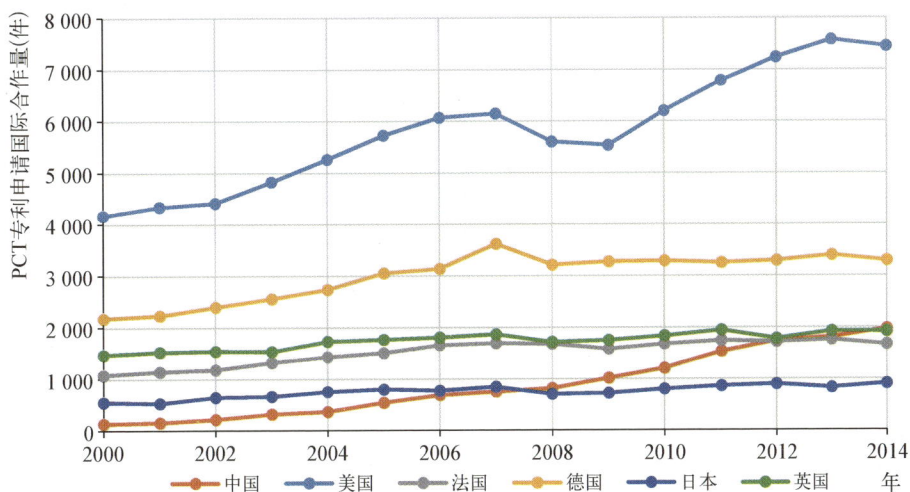

图 5.12　2000—2014 年中美两国及其他主要发达
国家 PCT 专利申请国际合作量比较

数据来源：OECD

（二）国际合作率

美国 PCT 专利申请国际合作率整体高于中国。2000—2014 年，中美两国 PCT 专利申请国际合作率的发展存在较大差别，其中美国呈现出稳步增长态势，由 2000 年的 9.7％增长至 2014 年的 13.0％；而中国在 2001—2002 年经历高幅增长态势后（由 9.3％增长至 18.9％），呈现出快速下滑态势，2014 年已下滑至 7.3％，这可能与中国 PCT 专利总量增速过快有关。2014 年，中国 PCT 专利申请国际合作率低于英国、法国、德国和美国，高于日本（表 5.10 和图 5.13）。

表 5.10　2000—2014 年中美两国 PCT 专利合作率比较（单位：%）

年份	中国	美国
2000	9.3	9.7
2001	18.9	10.3
2002	18.0	10.5
2003	19.6	10.8
2004	16.3	10.9
2005	14.2	10.9
2006	13.3	11.0
2007	11.8	11.6
2008	12.0	11.9
2009	9.5	12.2
2010	8.5	12.9
2011	8.6	13.2
2012	8.9	13.2
2013	7.7	12.1
2014	7.3	13.0

数据来源：OECD

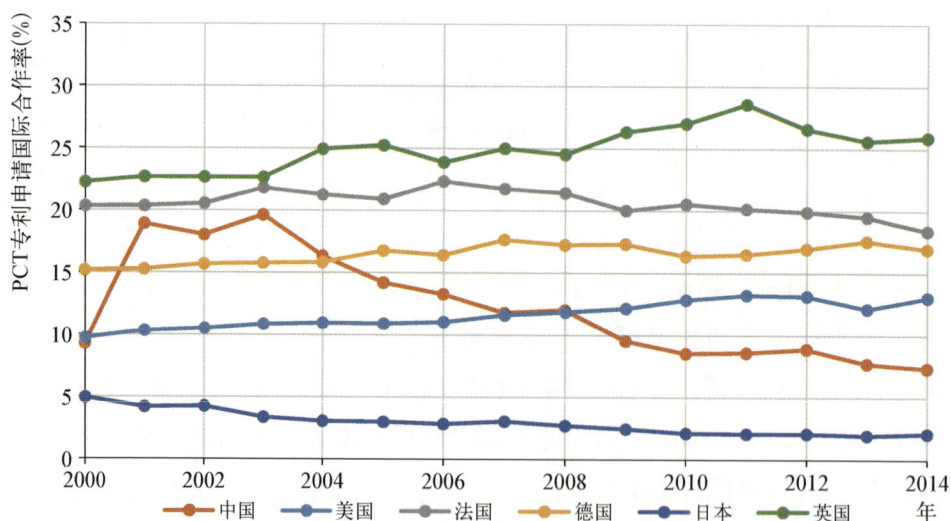

图 5.13　2000—2014 年中美两国及其他主要发达国家
PCT 专利申请国际合作率比较

数据来源：OECD

(三) 国际合作对象

与日本、欧盟 28 国的 PCT 专利合作量上,中美两国变化趋势一致,但在中美合作上,美国对中国依赖程度较低,中国对美国依赖程度较高。 从与日本、欧盟 28 国以及中美之间合作量上对比中美两国在 PCT 专利合作申请对象上的差异发现:中国与美国、日本以及欧盟 28 国在 PCT 专利合作申请上都呈现出快速增长的态势,分别从 2000 年的 65 件、11 件和 47 件上升至 2014 年的 1 169 件、147 件和 497 件,其中美国是中国在 PCT 专利申请上的第一合作大国,而与日本合作相对较少。同样,美国与中国、日本和欧盟 28 国在 PCT 专利申请上也呈现出总体上升的态势,分别从 2000 年的 65 件、325 件和 2 534 件上升至 2014 年的 1 169 件、368 件和 3 422 件,其中欧盟 28 国是美国 PCT 专利申请的第一合作对象,美国与日本在 PCT 专利申请上的合作也较少。从中美合作上看,美国对中国依赖程度较低,中国对美国依赖程度较高(表 5.11、图 5.14 和图 5.15)。

表 5.11 2000—2014 年中美两国与其他国家
PCT 专利合作量比较(单位:件)

年份	中美合作量	中国		美国	
		与日本合作量	与欧盟 28 国合作量	与日本合作量	与欧盟 28 国合作量
2000	65	11	47	325	2 534
2001	79	13	48	303	2 632
2002	108	18	71	323	2 563
2003	173	15	81	409	2 695
2004	173	31	116	427	2 961
2005	271	53	160	387	3 071
2006	372	41	230	383	3 217
2007	404	47	247	401	3 287
2008	416	38	288	340	2 948
2009	494	61	387	320	2 795
2010	583	82	440	336	3 010
2011	758	117	547	359	3 321
2012	931	138	569	407	3 382
2013	994	107	544	360	3 552
2014	1 169	147	497	368	3 422

数据来源:OECD

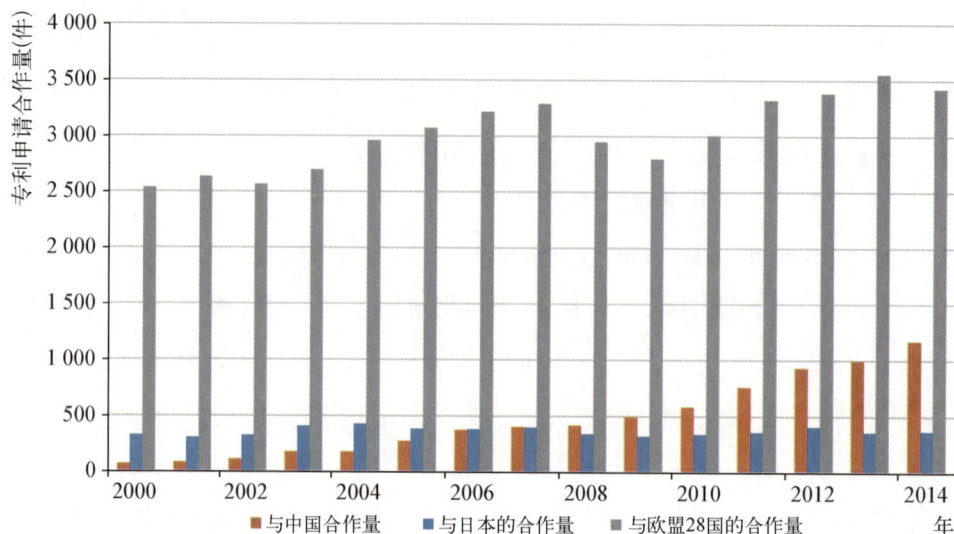

图 5.14　2000—2014 年美国与其他国家 PCT 专利申请合作量

数据来源：OECD

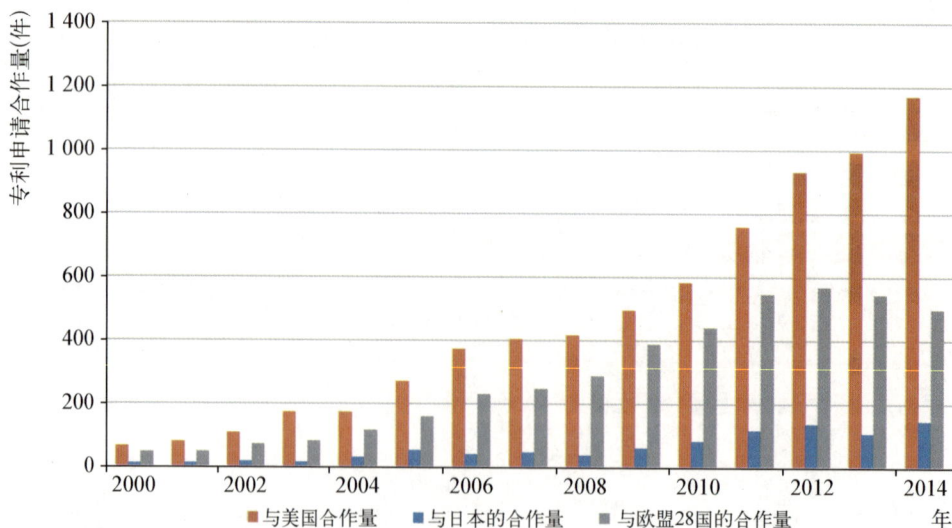

图 5.15　2000—2014 年中国与其他国家 PCT 专利申请合作量

数据来源：OECD

四、本章小结

本章从专利申请与授权、专利技术领域以及专利申请的国际化程度等方面比较分析了中美两国在发明专利产出方面的差异，结果发现：

1. 在发明专利产出规模方面，中国与美国的差距不断缩小，且在诸多指标上中国已显著超过美国。如在"本国受理的居民专利申请量"、"每千亿美元 GDP 居民专利申请量"、"申请人为本国国籍的专利申请量"、"申请人为本国国籍的专利授权量"等四个指标上，中国已远超美国；在"每百万居民专利申请量"指标上，中国与美国的差距也在不断缩小，预计不久中国也将超过美国。

2. 在"专利授权量/专利申请量"、"申请人为本国国籍的有效专利拥有量"、"PCT 专利申请量"、"国际合作数量"、"国际合作率"等指标上，中国远低于美国。其中前三项指标是刻画专利质量的重要指标，中美在这些指标上的差距，反映出中国专利产出质量明显落后美国。

3. 在专利的技术领域方面，美国专利的技术领域分布结构更为合理，大部分技术小类领域上的 PCT 专利申请量高于中国，尤其是在计算机技术、医疗技术、测量、制药和生物技术等方面拥有绝对优势；相比而言，中国结构较为单一，PCT 专利申请主要集中在数字通信技术、视听技术、光学技术等电学类技术领域。

第六章

中美产业技术创新比较

　　推动生产力进步和物质财富的积累是技术创新的出发点和归宿，技术最终要服务于生产过程的改进和产业升级。本章选择装备制造业和信息通信业两个产业，基于PCT专利数据，对比分析中美两国产业技术创新能力的差异。

一、方法与数据

当前关于产业技术创新能力评价多为"自上而下"的研究范式，即先明晰产业，然后寻求该产业的创新投入产出数据，从而探讨该产业的技术创新能力，这种自上而下的研究方式多是建立在相关平台对具体产业的技术创新活动情况的统计分析基础上的。本报告构建了一套基于专利分类的"自下而上"的产业技术创新能力评价体系，对中美两国装备制造业和信息通信产业的技术创新能力进行比较。

（一）从专利分类至产业分类的识别

为准确掌握制造业技术创新态势，及时制定产业发展政策，美国专利商标局根据美国专利分类标准（United States Patent Classification，USPC）和北美产业分类系统（North American Industry Classification System，NAICS）特征，发布了《USPC－NAICS 一致性对应表》（USPC－to－NAICS Concordance），从而能够将每一件专利根据专利类别划分至每一个产业门类下。同时，美国专利商标局为实现美国专利分类标准与国际专利分类标准（International Patent Classification，IPC）的统一性，也发布了《USPC－IPC 反向一致性对应表》（USPC－to－IPC Reverse Concordance）。

基于《USPC－IPC 反向一致性对应表》和《USPC－NAICS 一致性对应表》，通过建构《IPC－NAICS 一致性对应表》，从而将相关国际专利分类归并至具体的产业。本报告经识别，将机械设备产业、电气设备产业、运输设备产业和医疗设备产业归为装备制造业大类下，将计算机产业、通信设备产业、半导体产业和仪器测量产业归为信息通信产业大类下，并将每个产业门类下的 PCT 专利申请量作为其技术创新能力的表征指标，从而对中美两国的装备制造业和信息通信产业技术创新能力进行比较（表 6.1）。

表 6.1　专利分类至产业分类的识别系统

IPC 分类号	USPC 分类号	NAICS	产　业
A43D；D06G；D02H；B21G；B31C；B31F 等 206 个专利分类	12；15；19；26；28；29；34；37；38；48；53；55；56；57；59 等 134 个专利分类	333	机械设备
H01B；H02G；B23H；G05B；F25B；H01C；H01G 等 35 个专利分类	174；200；218；219；310；318；320；322；323；333；335 等 24 个专利分类	335	电气设备
B61B；B61J；B61K；B61C；B63B；F02F；H01T 等 49 个专利分类	104；105；114；188；191；213；291；305；440 等 20 个专利分类	336	运输设备
A62B；G02C；A61C；A61M 等 8 个专利分类	128；351；433；602；604；606；623	3391	医疗设备
B41J；F15C；G06C；G06D；G06E；G06G 等 24 个专利分类	329；330；334；348；360；369；381；455 等 19 个专利分类	3341	计算机产业
G08B；G08C；G08G；G09C；H01Q；H03M 等 13 个专利分类	178；340；341；343；358；370；375；379；380；386；398；725；726	3342	通信设备产业
G02F；G11C；H01J；H01K；H01L 等 11 个专利分类	136；216；257；307；313；315；326；327；331；332 等 17 个专利分类	3344	半导体产业
F23N；G01D；G01F；G01H；G01J；G01K 等 25 个专利分类	73；236；250；324；342；356；368；372；374；377 等 18 个专利分类	3345	仪器测量产业

数据来源：USPC‐to‐NAICS Concordance 和 USPC‐to‐IPC Reverse Concordance。

（二）专利申请量数据获取

以世界知识产权组织（World Intellectual Property Organization，WIPO）Patentscope 数据库为数据源，并以 OECD 统计数据库（OECD.Stat）为辅助，获取 2000—2014 年中美两国及其他主要发达国家装备制造业、信息通信产业发明和实用新型 PCT 专利申请数据，专利申请计数采取国际通行的分数计数法(fractional counting)统计。

二、装备制造业技术创新能力比较

装备制造业是指为国民经济各部门进行简单生产和扩大再生产提供装备的各类制造业的总称，是机械工业的核心部分，承担着为国民经济各部门提供工作母机、带动相关产业发展的重任，可以说它是工业的心脏和国民经济的生命线，是支撑国家综合国力的重要基石。改革开放以来，中国装备制造业迅猛发展，但在诸多核心关键技术上依然无法自给，而美国拥有全球最为发达的装备制造业产业集群，因此，对比中美两国在装备制造业技术创新上的差距，能够很好的定位中国在全球装备制造业技术创新体系上的地位，明晰中国未来的发展方向。

（一）整体比较

美国装备制造业技术创新水平远高于中国，中美差距显著。2000 年以来，中美两国装备制造业的技术创新能力都呈现快速发展的态势，PCT 专利申请量分别由 2000 年的 439.0 件和 15 608.0 件上升至 2014 年的 7 623.5 件和 21 618.8 件。从全球范围来看，美国是全球装备制造业技术创新能力最强的国家之一，其装备制造业 PCT 专利申请量始终位居全球第一；中国装备制造业 PCT 专利申请量由 2000 年的全球第十五位上升至目前的全球第四位，仅次于美国、日本和德国三个国家(表 6.2 和图 6.1)。从增长速度上看，在全球装备制造业专利申请量前二十的国家中，中国以年均 22.6%的增速高居第一位，而美国仅以 2.4%的年均增速位居第十六位(表 6.3)。但综合来看，中美装备制造业技术创新能力的差距虽然整体上在逐步缩小，但中国仍显著落后于美国(表 6.3)。

表 6.2　2000—2014 年中美两国装备制造业
PCT 专利申请量比较(单位：件)

年份	中国	美国
2000	439.0	15 608.0
2001	230.1	13 440.4
2002	278.2	13 643.1
2003	478.0	14 983.8
2004	650.0	16 467.5
2005	1 045.5	19 401.6
2006	1 288.6	19 683.4
2007	1 510.2	18 976.4
2008	1 664.3	16 941.9
2009	2 575.6	16 494.5
2010	3 710.5	18 786.7
2011	5 128.7	19 955.1
2012	5 897.1	21 772.7
2013	7 232.2	24 547.6
2014	7 623.5	21 618.8

数据来源：WIPO 和 OECD。

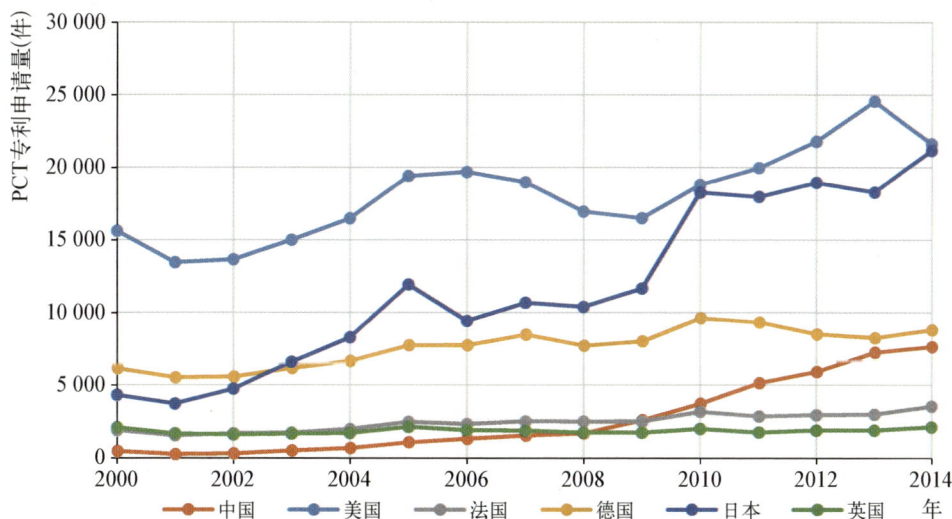

图 6.1　2000—2014 年中美两国及其他主要发达国家
装备制造业 PCT 专利申请量比较

数据来源：WIPO 和 OECD。

表 6.3　世界主要国家装备制造业 PCT 专利申请量及增长情况

国　家	2014 年(件)	2000 年(件)	年均增长率(%)
美　国	21 618.8	15 608.0	2.4
日　本	21 165.5	4 300.1	12.1
德　国	8 788.4	6 131.7	2.6
中　国	7 623.5	439.0	22.6
韩　国	4 928.9	609.8	16.1
法　国	3 529.7	1 876.4	4.6
英　国	2 101.5	2 066.8	0.1
瑞　士	1 931.0	1 073.8	4.3
荷　兰	1 906.2	1 095.8	4.0
意大利	1 466.5	692.2	5.5
瑞　典	1 151.6	1 236.1	−0.5
加拿大	1 056.0	492.4	5.6
以色列	702.4	444.2	3.3
西班牙	662.2	260.5	6.9
澳大利亚	645.8	710.2	−0.7
奥地利	614.2	296.7	5.3
丹　麦	538.6	378.9	2.5
芬　兰	538.6	482.7	0.8
土耳其	513.9	39.6	20.1
比利时	488.2	274.6	4.2

数据来源：WIPO 和 OECD。

(二) 机械设备产业

在机械设备产业技术创新能力上,中美之间的差距持续存在,中国远远落后于美国。2000—2014 年,中美两国机械设备产业的技术创新能力均呈现出显著的上升态势,PCT 专利申请量分别由 2000 年的 288.5 件和 7 869.4 件上升至 2014 年的 3 349.8 件和 10 815.9 件,但两国的增长态势大不相同。美国机械设备产业 PCT 专利申请量波动幅度较大,在 2000—2001 年、2005—2006 年和 2010—2011 年三个时段内呈现出显著的下降趋势,在 2004—2005 年、2009—2010 年和 2011—2014 年三个时段内又呈现出显著的上升趋势,而中国从 2000 年至 2014 年基本保持稳定增长态势(表 6.4 和图 6.2)。

从全球范围上看,美国是全球机械设备产业技术创新能力最发达的国家,其机械设备产业 PCT 专利申请量始终位居全球第一。在英国 KHL 集团旗下《国际建设》(International Construction)杂志发布的历年全球工程机械制造商五十强排行榜中,美国的卡特彼勒公司(Caterpillar)始终位居第一。中国机械设备产业 PCT 专利申请量由 2000 年的全球第十三位上升至 2014 年的全球第四位,仅次于美国、日本和德国三个国家。从增长速度上看,在全球机械设备产业专利申请量前二十的国家中,中国以年均 19.1%的增长速率位居第二位(仅次于印度的 22.9%),而美国仅以 2.3%的年均增速位居第十四位(表 6.5)。

表 6.4 2000—2014 年中美两国机械设备产业
PCT 专利申请量比较(单位:件)

年份	中国	美国
2000	288.5	7 869.4
2001	93.0	5 428.5
2002	134.0	5 482.4
2003	186.6	5 710.8
2004	241.8	6 197.8
2005	529.9	10 181.2
2006	555.4	6 500.1
2007	612.1	6 608.9
2008	641.8	5 932.5
2009	1 016.6	6 097.9
2010	1 647.9	9 180.3
2011	1 900.1	6 942.9
2012	1 968.7	8 001.7
2013	2 345.5	8 948.5
2014	3 349.8	10 815.9

数据来源:WIPO 和 OECD。

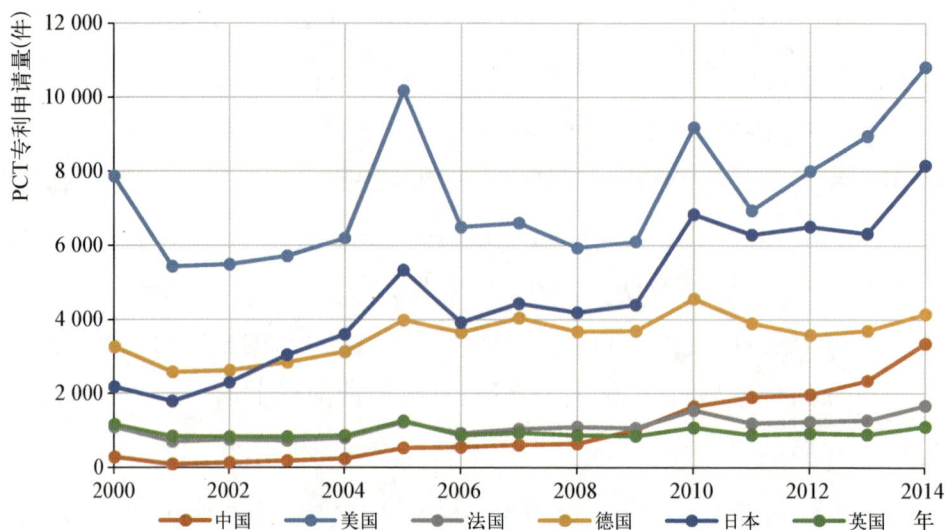

图 6.2 2000—2014 年中美两国及其他主要发达国家
机械设备产业 PCT 专利申请量比较

数据来源：WIPO 和 OECD。

表 6.5 世界主要国家机械设备产业 PCT 专利申请量及增长情况

国　家	2014 年（件）	2000 年（件）	年均增长率（％）
美　国	10 815.9	7 869.4	2.3
日　本	8 155.9	2 179.4	9.9
德　国	4 142.4	3 259.6	1.7
中　国	3 349.8	288.5	19.1
韩　国	1 971.3	354.3	13.0
法　国	1 666.5	1 099.7	3.0
英　国	1 098.0	1 157.0	−0.4
瑞　士	1 085.4	617.7	4.1
荷　兰	1 033.8	640.9	3.5
意大利	948.6	432.1	5.8
瑞　典	611.6	639.3	−0.3
加拿大	558.8	271.0	5.3
西班牙	366.9	148.5	6.7
芬　兰	346.3	379.1	−0.6
印　度	341.9	19.1	22.9
澳大利亚	330.3	441.8	−2.1
奥地利	304.5	186.2	3.6

续　表

国　家	2014 年(件)	2000 年(件)	年均增长率(%)
丹　麦	298.3	222.1	2.1
比利时	286.0	187.1	3.1
以色列	283.4	197.4	2.6

数据来源：WIPO 和 OECD。

(三) 医疗设备产业

在医疗设备产业技术创新能力上，中国远远落后于美国，且差距持续扩大。2000—2014 年，中美两国医疗设备产业技术创新能力均呈现上升态势，PCT 专利申请量分别由 2000 年的 87.1 件和 3 959.0 件上升至 2014 年的 1 116.3 件和 5 028.7 件。但美国增长的波动性较大，中国波动性较小（表 6.6 和图 6.3）。

表 6.6　2000—2014 年中美两国医疗设备产业
PCT 专利申请量比较(单位：件)

年份	中国	美国
2000	87.1	3 959.0
2001	30.3	3 055.0
2002	24.4	3 374.7
2003	67.2	3 679.9
2004	85.5	3 945.0
2005	178.0	4 378.6
2006	133.1	4 992.9
2007	134.5	4 761.3
2008	150.2	4 475.7
2009	205.8	4 121.3
2010	520.8	4 398.2
2011	334.0	4 484.9
2012	451.9	4 501.1
2013	569.9	5 467.7
2014	1 116.3	5 028.7

数据来源：WIPO 和 OECD。

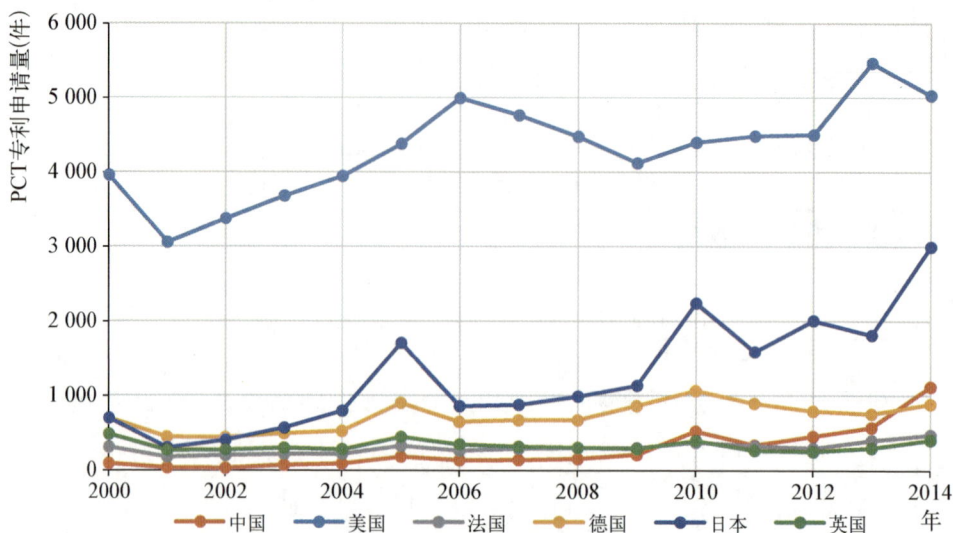

图 6.3 2000—2014 年中美两国及其他主要发达国家
医疗设备产业 PCT 专利申请量比较

数据来源：WIPO 和 OECD。

从全球范围上看，美国是世界医疗设备产业技术创新能力最为发达的
国家，其医疗设备产业 PCT 专利申请量始终高居全球第一。中国医疗设备
产业 PCT 专利申请量由 2000 年的全球第十三位上升至 2014 年的全球第
三位，仅次于美国和日本两个国家。从增长速度上看，在全球医疗设备产
业专利申请量前二十的国家中，中国以年均 20.0% 的增速位居第二位（仅
次于新加坡的 39.4%），而美国仅以 1.7% 的年均增速位居第十五位
（表 6.7）。综合来看，在医疗设备产业技术创新能力上，中美两国之间的差
距呈现出整体扩大趋势。

表 6.7 世界主要国家医疗设备产业 PCT 专利申请量及增长情况

国　家	2014 年（件）	2000 年（件）	年均增长率（%）
美　国	5 028.7	3 959.0	1.7
日　本	2 995.4	694.6	11.0
中　国	1 116.3	87.1	20.0

续　表

国　　家	2014 年(件)	2000 年(件)	年均增长率(%)
德　国	882.0	694.7	1.7
韩　国	881.8	73.5	19.4
荷　兰	515.6	147.5	9.4
法　国	471.0	308.7	3.1
英　国	400.0	478.7	−1.3
瑞　士	360.3	292.0	1.5
以色列	282.8	171.9	3.6
加拿大	227.2	29.7	15.6
意大利	220.3	117.3	4.6
瑞　典	149.7	231.0	−3.1
澳大利亚	138.7	142.4	−0.2
丹　麦	134.4	103.7	1.9
西班牙	122.1	40.6	8.2
比利时	100.1	53.7	4.5
土耳其	97.1	16.4	13.5
印　度	94.2	7.5	19.8
新加坡	73.3	0.7	39.4

数据来源：WIPO 和 OECD。

(四) 运输设备产业

在运输设备产业技术创新能力上,中国远远落后于美国,差距持续保持。2000—2014 年,中国运输设备产业技术创新能力稳步上升,PCT 专利申请量由 2000 年的 31.6 件上升至 2014 年的 572.4 件。美国运输设备产业技术创新能力虽整体呈现出上升趋势,PCT 专利申请量由 2000 年的 1 201.4 件上升至 2014 年的 1 657.3 件,但期间波动态势显著,在 2005—2009 年出现下降情形(表 6.8 和图 6.4)。

从全球范围上看,美国运输设备产业技术创新能力由 2000 年的全球第一位下降至 2014 年的全球第二位,次于日本和德国两个国家。日本运输设备产业 PCT 专利申请量在 2007 年和 2010 年相继超越美国和德国后位居全球第一,且逐渐拉大与其他国家之间的差距。中国运输设备产业 PCT 专

表 6.8　2000—2014 年中美两国运输设备产业
PCT 专利申请量比较（单位：件）

年份	中国	美国
2000	31.6	1 201.4
2001	36.0	810.2
2002	39.5	839.3
2003	59.4	892.1
2004	68.5	992.0
2005	93.6	1 445.6
2006	122.1	1 283.3
2007	136.1	1 228.2
2008	168.7	1 069.1
2009	190.6	1 009.2
2010	267.3	1 312.8
2011	386.7	1 203.7
2012	305.2	1 340.4
2013	380.6	1 386.5
2014	572.4	1 657.3

数据来源：WIPO 和 OECD。

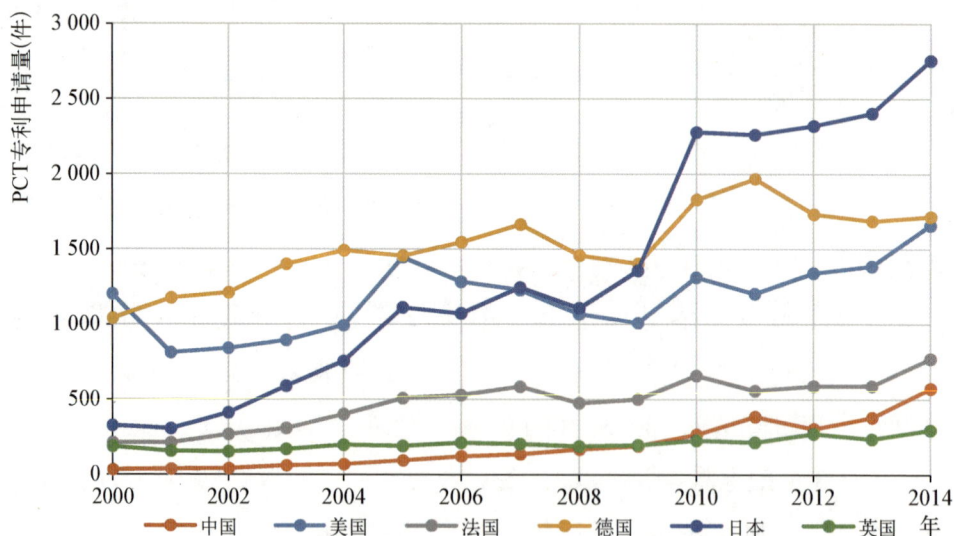

图 6.4　2000—2014 年中美两国及其他主要发达国家
运输设备产业 PCT 专利申请量比较

数据来源：WIPO 和 OECD。

利申请量由 2000 年的全球第十五位上升至 2014 年的全球第五位。从增长速度上看,在全球运输设备产业专利申请量前二十的国家中,中国以年均23.0% 的增长速率位居第二位(仅次于土耳其的 24.4%),而美国仅以 2.3% 的年均增速位居最后(表 6.9)。综合来看,在运输设备产业技术创新能力上,中国显著落后于美国,中美两国之间的差距持续存在。

表 6.9　世界主要国家运输设备产业 PCT 专利申请量及增长情况

国　家	2014 年(件)	2000 年(件)	年均增长率(%)
日　本	2 752.8	326.5	16.4
德　国	1 715.0	1 041.0	3.6
美　国	1 657.3	1 201.4	2.3
法　国	769.5	212.6	9.6
中　国	572.4	31.6	23.0
韩　国	412.4	70.6	13.4
英　国	297.2	186.9	3.4
瑞　典	265.2	148.3	4.2
意大利	169.7	78.7	5.6
瑞　士	154.2	61.4	6.8
加拿大	129.8	83.3	3.2
澳大利亚	92.5	59.6	3.2
奥地利	86.6	31.8	7.4
西班牙	83.8	47.7	4.1
荷　兰	66.7	37.0	4.3
土耳其	59.7	2.8	24.4
俄罗斯	42.2	15.8	7.3
卢森堡	39.8	8.6	11.6
芬　兰	39.7	17.5	6.0
比利时	39.2	15.1	7.1

数据来源:WIPO 和 OECD。

(五) 电气设备产业

在电气设备的技术创新能力上,中国落后于美国,但差距在缩小。2000—2014 年,中美两国电气设备产业技术创新能力呈现出显著的上升态势,PCT 专利申请量分别由 2000 年的 31.8 件和 2 578.1 件上升至 2014 年的2 585.0 件和 4 116.8 件,但期间两国增长态势不一,美国电气设备产业 PCT 专

利申请量呈现出较大幅度的波动,在 2004—2005 年、2006—2010 年和
2013—2014 年三个时段内呈现出滑坡式的下降情形,在 2005—2006 年和
2011—2013 年两个时段内又呈现出显著上升态势,而中国在 2000—2013
年间稳步上升后在 2013—2014 年间也呈现出下降态势(表 6.10 和图 6.5)。

　　从全球范围上看,美国电气设备产业技术创新能力由 2000 年的全球第
一位下降至 2014 年的全球第二位,次于日本。14 年间,日本和美国这两个
国家电气设备产业技术创新能力的全球位次出现多次更迭,2014 年,日本
电气设备产业 PCT 专利申请量达到 7 261.4 件,位居全球第一。中国电气
设备产业 PCT 专利申请量由 2000 年的全球第十八位上升至 2014 年的全
球第三位。从增长速度上看,在全球电气设备产业专利申请量前二十的国
家中,中国以年均 36.9% 的增长速率位居全球第一位,而美国的年均增速
仅 3.4%(表 6.11)。综合来看,在电气设备产业技术创新能力上,中美两国
之间的差距整体在缩小。

表 6.10　2000—2014 年中美两国电气设备产业
PCT 专利申请量比较(单位：件)

年份	中国	美国
2000	31.8	2 578.1
2001	70.8	4 146.7
2002	80.3	3 946.6
2003	164.8	4 701.1
2004	254.2	5 332.7
2005	244.0	3 396.2
2006	477.9	6 907.2
2007	627.5	6 378.0
2008	703.6	5 464.6
2009	1 162.5	5 266.1
2010	1 274.5	3 895.4
2011	2 508.0	7 323.5
2012	3 171.3	7 929.5
2013	3 936.1	8 745.0
2014	2 585.0	4 116.8

数据来源：WIPO 和 OECD。

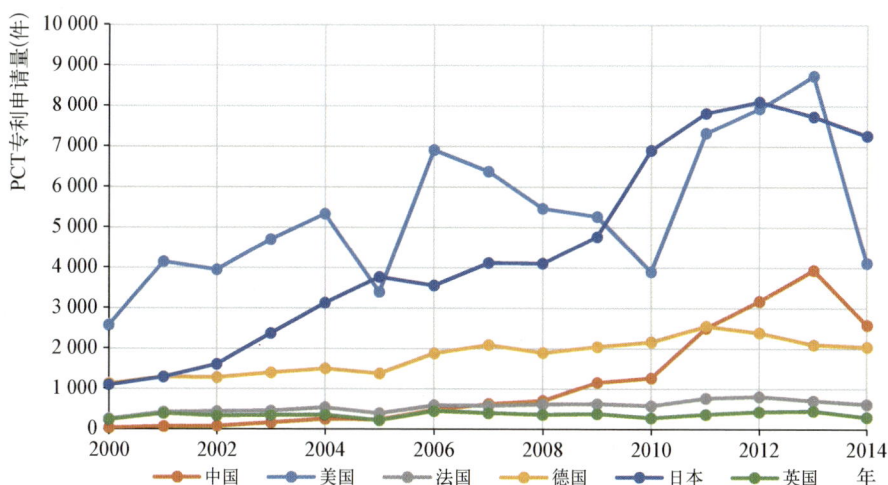

图 6.5　2000—2014 年中美两国及其他主要发达国家
电气设备产业 PCT 专利申请量比较

数据来源：WIPO 和 OECD。

表 6.11　世界主要国家电气设备产业 PCT 专利申请量及增长情况

国　家	2014 年(件)	2000 年(件)	年均增长率(%)
日　本	7 261.4	1 099.7	14.4
美　国	4 116.8	2 578.1	3.4
中　国	2 585.0	31.8	36.9
德　国	2 049.0	1 136.4	4.3
韩　国	1 663.4	111.5	21.3
法　国	622.7	255.4	6.6
瑞　士	331.1	102.6	8.7
英　国	306.2	244.2	1.6
荷　兰	290.1	270.4	0.5
奥地利	178.0	39.5	11.4
加拿大	140.3	108.3	1.9
意大利	127.9	64.1	5.1
瑞　典	125.1	217.5	−3.9
新加坡	105.4	0.0	/
芬　兰	99.8	39.0	6.9
以色列	97.7	55.1	4.2
土耳其	92.7	6.8	20.5
西班牙	89.4	23.7	9.9
澳大利亚	84.2	66.4	1.7
丹　麦	78.5	39.2	5.1

数据来源：WIPO 和 OECD。

三、信息通信产业技术创新能力比较

信息通信产业是构建国家信息基础设施，提供网络和信息服务，全面支撑经济社会发展的战略性、基础性和先导性产业，是知识化和全球化两大趋势下发展最快、最具创新活力的产业之一，已成为全球竞争的焦点。21 世纪以来，中国信息通信产业发展迅猛，自主创新能力不断提升，并在全新一代移动通信技术（5G 技术）发展中具备全球竞争力。但中国部分关键核心技术依然较为薄弱，进口依赖性严重。美国是全球信息通信产业技术创新体系最为发达和完备的国家，在资诚联合会计师事务所（PwC）公布的《2016 全球 ICT50 强企业》中，前十强仅有一家企业为非美国企业（SAP，德国）。因此，对比中美两国在信息通信产业技术创新能力上的差距，能够更好地明确中国在全球信息通信业技术创新体系中的地位，明晰中国未来的发展方向。

（一）整体比较

中国信息通信产业技术创新能力总体上弱于美国，但差距在快速缩小。2000 年以来，中美两国信息通信产业技术创新能力呈现出差异化的发展趋势，其中美国呈现出周期性波动的发展态势，在 2000—2002 年和 2006—2009 年两个时段内呈现出显著的下降趋势，在 2002—2006 年和 2009—2014 年两个时段内又呈现出显著的上升趋势，而中国在这 14 年间呈持续性的增长态势，尤其是 2008 年后，增长速度迅猛（表 6.12 和图 6.6）。

从全球范围来看，美国是全球信息通信产业技术创新能力最为发达的国家，其信息通信产业 PCT 专利申请量除在 2009—2011 年稍低于日本外，其余时段均位居全球第一；中国信息通信产业 PCT 专利申请量由 2000 年的 80.2 件（全球第十九位）上升至 2014 年的 8 817.8 件（全球第三位），仅次于美国和日本。从增长速度上看，在全球装备制造业专利申请量前二十的国家中，中国以年均 39.9％的增速高居第一位，而美国的年均增速仅为

1.2%(表 6.13)。综合来看,中美信息通信产业技术创新能力的差距正快速
缩小。

表 6.12 2000—2014 年中美两国信息通信产业
PCT 专利申请量比较(单位:件)

年份	中国	美国
2000	80.2	10 351.8
2001	132.3	10 372.3
2002	211.2	9 163.8
2003	468.5	9 613.1
2004	688.6	10 753.6
2005	1 347.4	11 881.3
2006	2 007.7	12 331.6
2007	2 503.6	11 787.1
2008	2 354.4	9 879.3
2009	3 415.4	9 146.4
2010	4 252.8	9 479.7
2011	5 830.7	10 915.8
2012	6 171.8	11 632.8
2013	7 594.2	12 193.4
2014	8 817.8	12 263.4

数据来源:WIPO 和 OECD。

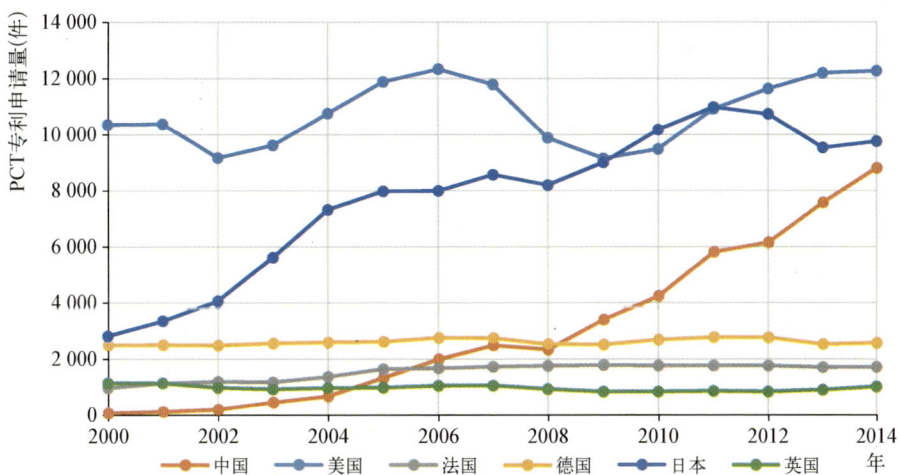

图 6.6 2000—2014 年中美两国及其他主要发达国家
信息通信产业 PCT 专利申请量比较

数据来源:WIPO 和 OECD。

表 6.13　世界主要国家信息通信产业 PCT 专利申请量及增长情况

国　家	2014 年(件)	2000 年(件)	年均增长率(%)
美　国	12 263.4	10 351.8	1.2
日　本	9 753.4	2 816.2	9.3
中　国	8 817.8	80.2	39.9
韩　国	3 470.8	420.4	16.3
德　国	2 594.6	2 512.8	0.2
法　国	1 725	974.9	4.2
英　国	1 030.3	1 155.4	−0.8
瑞　典	974.1	1 027.1	−0.4
荷　兰	727.2	1 284.4	−4.0
瑞　士	636.1	317.7	5.1
芬　兰	404.1	549.6	−2.2
加拿大	351.5	457.9	−1.9
以色列	339	409.5	−1.3
新加坡	300.4	0.6	55.9
意大利	257.2	158	3.5
澳大利亚	220.2	280	−1.7
奥地利	191.3	84.4	6.0
西班牙	181.1	46.3	10.2
比利时	151.6	69.8	5.7
丹　麦	148	122.6	1.4

数据来源：WIPO 和 OECD。

(二) 计算机产业

中美计算机产业的技术创新能力差距快速缩小，但差距仍比较显著。2000 年以来，与信息通信产业技术创新能力整体趋势类似，美国计算机产业 PCT 专利申请量也呈现出周期性波动发展态势，在 2000—2002 年和 2006—2009 年两个时段内呈现出显著下降趋势，在 2002—2006 年和 2009—2014 年两个时段内呈现出显著上升趋势。中国计算机产业 PCT 专利申请量在这 14 年间呈现持续增长态势，尤其是 2008 年后，增长迅猛（表 6.14 和图 6.7）。

从全球范围来看，美国是全球计算机产业技术创新能力最为发达的国家，其计算机产业 PCT 专利申请量除了曾在 2009—2010 年稍低于日本外，其余时段均位居全球第一；中国计算机产业 PCT 专利申请量由 2000 年的 24.5 件（全球第十九位）上升至 2014 年的 1 651.8 件（全球第三位），仅次于

表 6.14　2000—2014 年中美两国计算机产业
PCT 专利申请量比较（单位：件）

年份	中国	美国
2000	24.5	1 981.3
2001	34.4	1 984.8
2002	47.5	1 759.3
2003	98.9	1 954.4
2004	151.1	2 334.7
2005	209.2	2 482.0
2006	290.0	2 515.7
2007	368.3	2 470.9
2008	397.4	1 943.5
2009	637.6	1 681.0
2010	738.0	1 740.0
2011	973.4	2 137.4
2012	996.2	2 435.3
2013	1 407.7	2 571.5
2014	1 651.8	2 689.5

数据来源：WIPO 和 OECD。

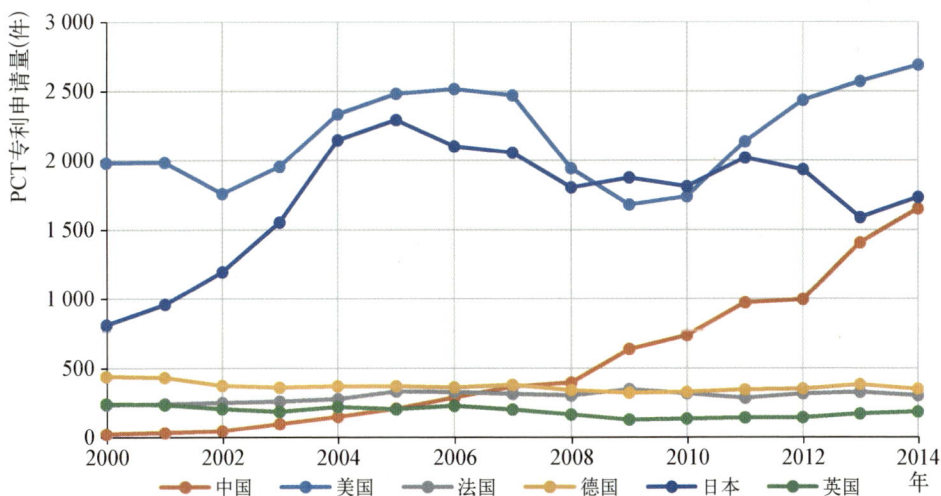

图 6.7　2000—2014 年中美两国及其他主要发达国家
计算机产业 PCT 专利申请量比较

数据来源：WIPO 和 OECD。

美国和日本。从增长速度上看，在全球计算机产业专利申请量前二十的国家中，中国以年均 35.1％ 的增长速率高居第一位，而美国的年均增长速率仅为 2.2％（表 6.15）。综合来看，在计算机产业技术创新能力上，中美差距虽快速缩小，但仍然比较显著。

表 6.15　世界主要国家计算机产业 PCT 专利申请量及增长情况

国　　家	2014 年（件）	2000 年（件）	年均增长率（％）
美　　国	2 689.5	1 981.3	2.2
日　　本	1 734.7	811.4	5.6
中　　国	1 651.8	24.5	35.1
韩　　国	727.6	125.9	13.3
德　　国	350.8	439.9	−1.6
法　　国	303.6	235.9	1.8
瑞　　典	194.6	249.7	−1.8
英　　国	186.3	242.7	−1.9
荷　　兰	167.5	384.2	−5.8
以色列	101.5	100.1	0.1
瑞　　士	98.2	68.1	2.6
芬　　兰	81.7	100.7	−1.5
澳大利亚	59.3	108.7	−4.2
加拿大	55.2	69.6	−1.6
意大利	49.9	37.6	2.0
新加坡	40	0.6	35.0
丹　　麦	35.1	40.4	−1.0
奥地利	34.9	17.3	5.1
比利时	34.8	16.2	5.6
开曼群岛	28.4	4.8	13.5

数据来源：WIPO 和 OECD。

（三）通信设备产业

在通信设备产业技术创新能力上，中国已经超越美国，位居全球第一。2000—2014 年，中国通信设备产业技术创新水平快速提升，PCT 专利申请量由 2000 年的 33.8 件上升至 2014 年的 4 428.9 件，并在 2014 年首次超越美国位居全球第一。美国通信设备产业技术创新能力呈现出波动下降趋势，PCT 专利申请量由 2000 年的 3 873.4 件经历两个波动期后下降至 2014 年的 3 836.5 件，退居全球第二（表 6.16 和图 6.8）。

表 6.16　2000—2014 年中美两国通信设备产业
PCT 专利申请量比较(单位：件)

年份	中国	美国
2000	33.8	3 873.4
2001	66.5	3 588.0
2002	114.5	3 036.8
2003	250.8	3 052.9
2004	402.5	3 325.3
2005	983.7	3 853.7
2006	1 451.0	4 226.9
2007	1 853.3	3 704.1
2008	1 597.3	2 682.8
2009	2 198.2	2 457.7
2010	2 511.1	2 537.0
2011	3 166.3	3 195.6
2012	3 041.2	3 527.6
2013	3 655.9	3 698.8
2014	4 428.9	3 836.5

数据来源：WIPO 和 OECD。

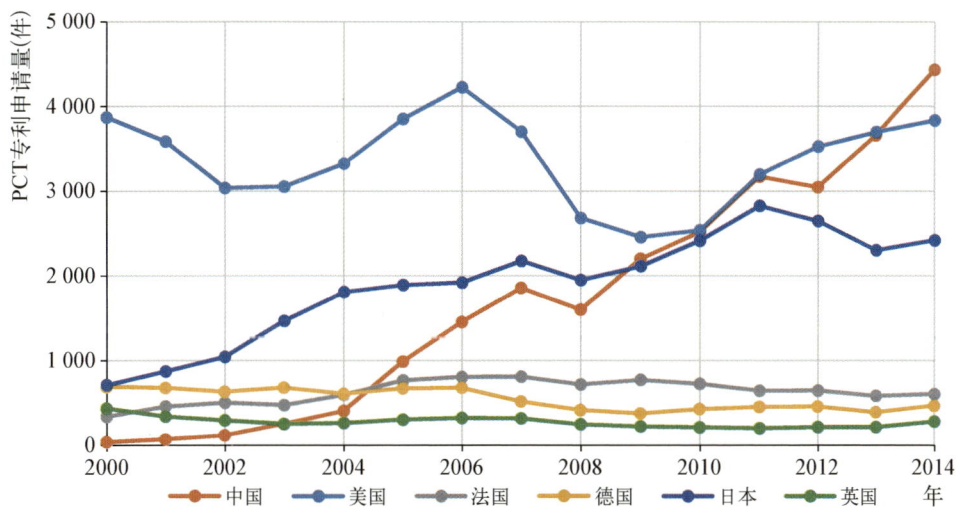

图 6.8　2000—2014 年中美两国及其他主要发达国家
通信设备产业 PCT 专利申请量比较

数据来源：WIPO 和 OECD。

从全球范围上看，美国通信设备产业技术创新能力由 2000 年的全球第一位下降至 2014 年的全球第二位，次于中国。中国通信设备产业 PCT 专利申请量由 2000 年的全球第十五位上升至 2014 年的全球第一位。从增长速度上看，在全球通信设备产业专利申请量前二十的国家中，中国以年均41.7％的增长速率位居第一位，而美国、英国、德国、法国、加拿大等国家均呈现负增长的态势（表 6.17）。

表 6.17　世界主要国家通信设备产业 PCT 专利申请量及增长情况

国　家	2014 年（件）	2000 年（件）	年均增长率（％）
中　国	4 428.9	33.8	41.7
美　国	3 836.5	3 873.4	−0.1
日　本	2 420.3	710.9	9.1
韩　国	1 480.7	192.1	15.7
法　国	604.3	338.5	4.2
瑞　典	573.1	551.0	0.3
德　国	464.7	688.4	−2.8
英　国	281.3	435.2	−3.1
芬　兰	207.9	383.1	−4.3
荷　兰	130.9	451.1	−8.5
瑞　士	107.8	68.5	3.3
加拿大	105.2	209.3	−4.8
新加坡	97.9	0.0	/
开曼群岛	97.1	6.3	21.6
以色列	85.6	186.7	−5.4
澳大利亚	42.3	62.7	−2.8
意大利	41.6	44.2	−0.4
西班牙	39.3	15.5	6.9
比利时	36.4	8.2	11.2
印　度	35.1	9.3	10.0

数据来源：WIPO 和 OECD。

（四）半导体产业

中国半导体产业技术创新能力落后于美国，但差距在快速缩小。 2000—2014 年，美国半导体产业技术创新能力虽然同样呈现出波动发展态势，但整体呈上升趋势，其 PCT 专利申请量由 2000 年的 1 885.3 件上升至 2014 年的

2 688.0件;中国半导体产业技术创新能力持续提升,由 2000 年的 11.3 件上升至 2014 年的 1 973.0 件,尤其是在 2008 年后,上升态势迅猛(表 6.18 和图 6.9)。

表 6.18 2000—2014 年中美两国半导体产业
PCT 专利申请量比较(单位:件)

年份	中国	美国
2000	11.3	1 885.3
2001	10.4	2 051.4
2002	19.3	1 878.5
2003	64.3	1 999.3
2004	77.9	2 255.9
2005	85.3	2 551.1
2006	147.1	2 708.5
2007	158.7	2 845.6
2008	199.2	2 772.4
2009	345.1	2 580.5
2010	725.6	2 644.7
2011	1 242.6	2 830.7
2012	1 582.1	2 709.2
2013	1 904.5	2 850.1
2014	1 973.0	2 688.0

数据来源:WIPO 和 OECD。

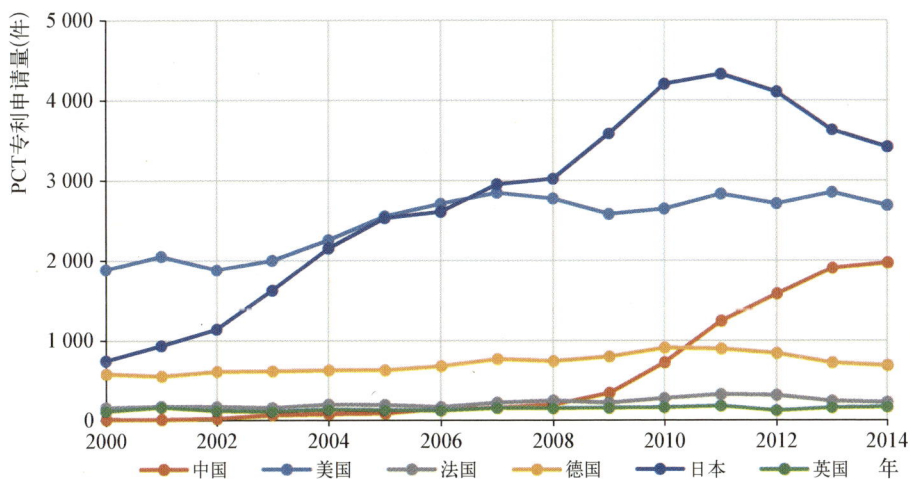

图 6.9 2000—2014 年中美两国及其他主要发达国家
半导体产业 PCT 专利申请量比较

数据来源:WIPO 和 OECD。

从全球范围上看，美国半导体产业技术创新能力由 2000 年的全球第一下降至 2014 年的全球第二，日本半导体产业技术创新能力在 2007 年超越美国后成为全球半导体产业技术创新第一大国。中国半导体产业 PCT 专利申请量由 2000 年的全球第十七位上升至 2014 年的全球第三位，仅次于日本和美国。从增长速度上看，在全球半导体产业专利申请量前二十的国家中，中国以年均 44.6% 的增长速率位居第一位，而美国的年均增长速率仅为 2.6%（表 6.19）。综合来看，近年来中美两国半导体产业技术创新能力的差距在快速缩小。

表 6.19　世界主要国家半导体产业 PCT 专利申请量及增长情况

国　　家	2014 年(件)	2000 年(件)	年均增长率(%)
日　　本	3 416.1	746	11.5
美　　国	2 688	1 885.3	2.6
中　　国	1973	11.3	44.6
韩　　国	817.2	57.2	20.9
德　　国	690.6	584.4	1.2
法　　国	228.8	161.2	2.5
英　　国	170.2	116.8	2.7
荷　　兰	134.6	280.1	−5.1
瑞　　士	114.7	42.8	7.3
新加坡	102.2	0.0	/
奥地利	54.5	14.3	10.0
以色列	50.8	24.8	5.3
加拿大	47.3	56.6	−1.3
瑞　　典	43.4	62.5	−2.6
意大利	41.1	20.7	5.0
芬　　兰	36.2	12.4	8.0
比利时	31.4	8.2	10.1
澳大利亚	24.1	27	−0.8
西班牙	22.3	4.4	12.3
爱尔兰	19.4	9.4	5.3

数据来源：WIPO 和 OECD。

（五）仪器测量产业

中国仪器测量产业技术创新能力与美国的差距虽有所缩小，但仍较显著。2000—2014 年,美国仪器测量产业技术创新能力呈现波动上升态势,其 PCT 专利申请量由 2000 年的 2 611.8 件上升至 2014 年的 3 049.4 件;中国仪器测量产业技术创新能力则持续提升,由 2000 年的 10.6 件上升至 2014 年的 764.1 件。

从全球范围上看,美国仪器测量产业技术创新能力始终位居全球第一,其他国家与其差距明显。中国仪器测量产业 PCT 专利申请量由 2000 年的全球第二十四位上升至 2014 年的全球第四位,仅次于美国、日本和德国(表 6.20 和图 6.10)。从增长速度上看,在全球仪器测量产业专利申请量前二十的国家中,中国以年均 35.7% 的增长速率位居第一位,而美国的年均增长速率仅为 1.1%(表 6.21)。综合来看,在仪器测量产业技术创新能力上,中国显著落后于美国,两国之间的差距巨大。

表 6.20　2000—2014 年中美两国仪器测量产业
PCT 专利申请量比较(单位:件)

年份	中国	美国
2000	10.6	2 611.8
2001	21.0	2 748.2
2002	30.0	2 489.2
2003	54.5	2 606.4
2004	57.1	2 837.7
2005	69.2	2 994.5
2006	119.6	2 880.5
2007	123.3	2 766.6
2008	160.5	2 480.6
2009	234.5	2 427.1
2010	278.0	2 557.9
2011	448.4	2 752.1
2012	552.2	2 960.6
2013	626.1	3 072.9
2014	764.1	3 049.4

数据来源:WIPO 和 OECD。

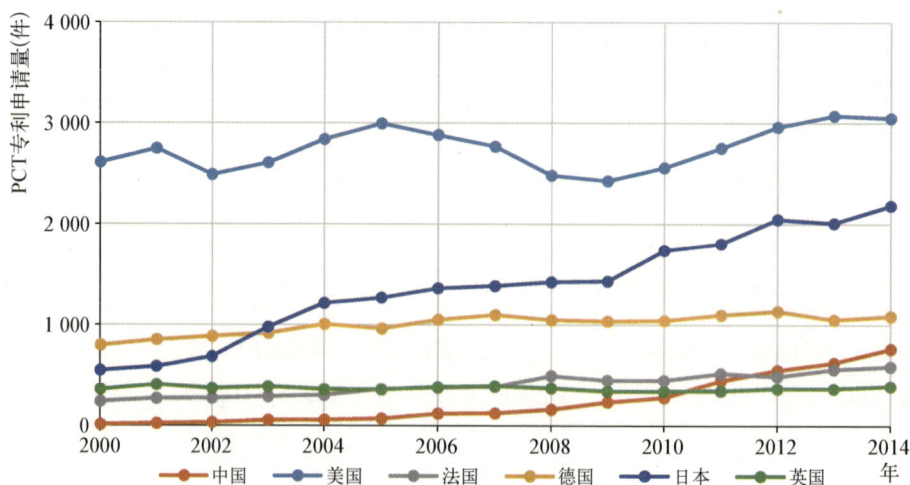

图 6.10　2000—2014 年中美两国及其他主要发达国家
仪器测量产业 PCT 专利申请量比较

数据来源：WIPO 和 OECD。

表 6.21　世界主要国家仪器测量产业 PCT 专利申请量及增长情况

国　　家	2014 年(件)	2000 年(件)	年均增长率(%)
美　国	3 049.4	2 611.8	1.1
日　本	2 182.3	547.9	10.4
德　国	1 088.5	800.1	2.2
中　国	764.1	10.6	35.7
法　国	588.3	239.3	6.6
韩　国	445.2	45.2	17.7
英　国	392.6	360.7	0.6
瑞　士	315.4	138.3	6.1
荷　兰	294.2	168.9	4.0
瑞　典	163.1	163.9	0.0
加拿大	143.8	122.4	1.2
意大利	124.6	55.5	5.9
以色列	101	97.9	0.2
澳大利亚	94.4	81.5	1.1
西班牙	92.9	14.2	14.4
丹　麦	81.6	56.6	2.6
芬　兰	78.2	53.3	2.8
奥地利	76	30.6	6.7
挪　威	63.8	42.8	2.9
新加坡	60.3	0	/

数据来源：WIPO 和 OECD。

四、本章小结

本章基于专利分类对中美两国装备制造和信息通信两个产业的技术创新能力进行评价,得出以下结论:

1. 在装备制造业上,无论是整体,还是机械设备、医疗设备、运输设备和电气设备四个子行业,中国的技术创新能力皆显著落后于美国,可见在象征国家工业基础的装备制造业上,中国面临较大的转型升级压力。

2. 在信息通信产业整体技术创新能力上,中国虽落后于美国,但差距在快速缩小,其中在计算机、半导体和仪器测量等三个子行业上,中国的技术创新能力仍然明显落后于美国;而在通信设备行业上,中国已超越美国。

第七章

中美技术贸易发展比较

　　技术贸易是检验一个国家技术创新质量和全球影响力的核心指标,也是衡量一个国家在全球技术流动网络中地位的关键指标。对比中美两国在技术贸易上的差距,能够更好地明确中国在全球技术流动网络中的地位,明晰中国技术创新的全球影响力。本章从以高技术产品出口为表征的显性技术贸易和以知识产权贸易为表征的隐性技术贸易两个方面,比较分析中美两国的技术贸易发展情况。

一、高技术产品出口

高技术产品出口综合反映了一个国家的工业体系的先进程度及其在全球生产网络中的地位。本节以世界银行数据库——科学和技术子数据库（Science & Technology，World Bank Data）中的各国高技术产品出口额（High-technology exports）和高技术产品出口额占制成品出口额比重为数据源，从规模和占比两个方面比较分析中美两国在高技术产品出口上的差异。

（一）高技术产品出口额

中国高技术产品出口额增长迅速，已远超美国，且领先优势不断扩大。2000 年以来，中美两国高技术产品出口呈现此消彼长的发展趋势，其中中国增长迅猛，由 2000 年的 417.4 亿美元增长至 2016 年的 4 960.1 亿美元，年均增长率达到 16.7％；而美国高技术产品出口呈现出总体下降的趋势，由 2000 年的 1 974.7 亿美元下降至 2016 年的 1 531.9 亿美元，年均增长率为−1.6％。从 2000 年至 2016 年，中国高技术产品出口从最初远落后于美国的不利地位到 2005 年反超美国后，迅速拉大与美国的差距，且中国已连续多年成为全球高技术产品出口额最高的国家（表 7.1 和图 7.1）。

表 7.1　2000—2016 年中美两国高技术产品出口额比较（单位：亿美元）

年份	中国	美国
2000	417.4	1 974.7
2001	494.1	1 761.6
2002	692.3	1 620.8
2003	1 086.7	1 602.9
2004	1 630.1	1 762.8
2005	2 159.3	1 907.4
2006	2 731.3	2 190.3
2007	3 027.7	2 181.2
2008	3 401.2	2 208.8
2009	3 096.0	1 324.1
2010	4 060.9	1 459.3
2011	4 571.1	1 456.4
2012	5 056.5	1 483.3
2013	5 600.6	1 485.3
2014	5 586.0	1 556.4
2015	5 498.0	1 543.5
2016	4 960.1	1 531.9

数据来源：World Bank Data

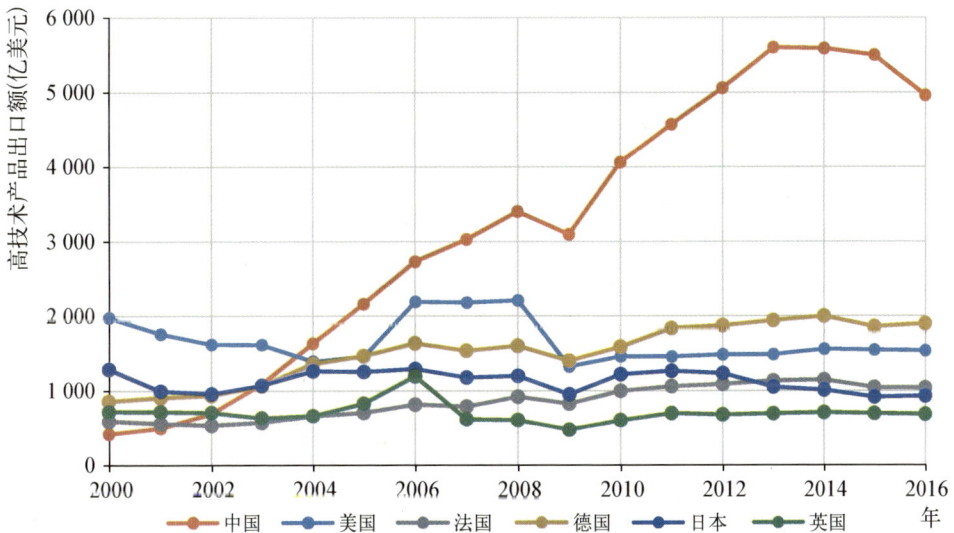

图 7.1　2000—2016 年中美两国及其他主要发达国家高技术产品出口额比较

数据来源：UN Comtrade Database 和 World Bank Data。

（二）高技术产品出口占制成品出口比重

中国高技术产品出口占制成品出口比重增长迅速,已超过美国。2000 年以来,中美两国高技术产品出口占制成品出口的比重均呈现出有升有降、总体平稳的发展趋势。其中,中国在 2000—2005 年间增长迅猛,由 2000 年的 19.0％增长至 2005 年的 30.8％;在 2005—2008 年间呈现快速下降的趋势,由 2005 年的 30.8％下降至 2008 年的 25.6％;在 2008—2016 年间,中国高技术产品出口占制成品出口比重虽有上下波动,但总体保持稳定,维持在 25％左右。美国在 2000—2012 年间,高技术产品出口占制成品出口比重迅速下降(虽在 2003—2004 年间有小幅度上升,但在其他年份下降趋势明显),由 2000 年的 33.7％下降至 2012 年的 17.8％,但在 2012 年后呈现反弹趋势,至 2016 年已恢复至 20.0％。整体上看,在高技术产品出口占制成品出口比重方面,中国对美国已保持较大的优势;同其他主要发达国家相比,中国略低于法国,高于日本、德国和英国(表 7.2 和图 7.2)。

表 7.2　2000—2016 年中美两国高技术产品出口
占制成品出口比重比较(单位：％)

年份	中国	美国
2000	19.0	33.7
2001	21.0	32.6
2002	23.7	31.7
2003	27.4	30.7
2004	30.1	32.8
2005	30.8	32.7
2006	30.5	30.1
2007	26.7	27.2
2008	25.6	25.9
2009	27.5	21.5
2010	27.5	20.0
2011	25.8	18.1
2012	26.3	17.8
2013	27.0	17.8
2014	25.4	18.2
2015	25.6	19.0
2016	25.2	20.0

数据来源：World Bank Data

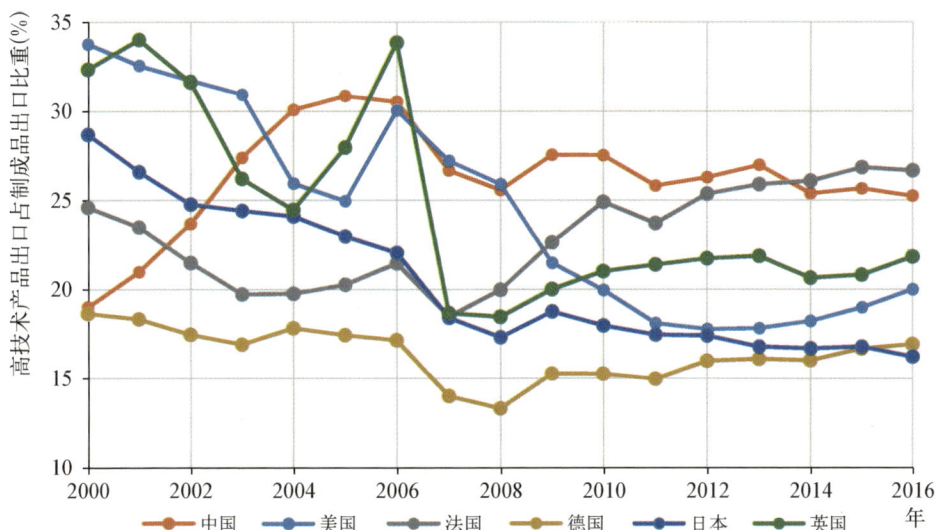

图 7.2 2000—2016 年中美两国及其他主要发达国家
高技术产品出口占制成品出口比重比较

数据来源：UN Comtrade Database 和 World Bank Data。

二、知识产权贸易

本报告以联合国商品贸易数据库（UN Comtrade Database）为数据源，基于 2002 年国际服务贸易统计手册（EBOPS）的分类标准，将其中高技术产品进出口额和特许权使用费和许可费（Royalties and License Fee）作为知识产权的衡量指标，获取 2001—2016 年中美两国及其他主要发达国家技术贸易数据。为检验指标的可用性和准确性，以世界银行数据库——科学和技术子数据库（Science&Technology，World Bank Data）中关于各国在知识产权交易中的支出和收益数据（Charges for the use of intellectual property，payments and receipts）作为校验数据，校正结果为两个数据库数据统一。在知识产权贸易中，一个国家既可以通过向外出口知识产权，也可通过从外部进口技术参与到全球技术贸易中来，本报告将一个国家的技术进口量和技术出口量之和称之为其技术贸易总额。

（一）整体比较

美国知识产权贸易总额远超中国，中美差距不断扩大。 2000 年以来，中美两国知识产权贸易总额皆呈现出快速增长态势，分别由 2000 年的 13.6 亿美元和 684.1 亿美元上升至 2016 年的 251.4 亿美元和 1 713.1 亿美元。从全球范围来看，美国是全球知识产权贸易最发达的国家，其知识产权贸易额长期位居全球第一，且相对其他国家的领先优势还在不断扩大。中国知识产权贸易总额虽快速上升，从全球第十七位上升至全球第九位，但仍落后于日本、法国、英国、德国等主要发达国家（表 7.3 和图 7.3）。从增长速度上看，在全球知识产权贸易总额前二十的国家中，中国以年均 20.0％的增速位居第三位，略低于俄罗斯的 24.8％和卢森堡的 22.7％，而美国的年均增速仅为 5.9％（表 7.4）。

表 7.3　2000—2016 年中美两国知识产权贸易总额比较（单位：亿美元）

年份	中国	美国
2000	13.6	684.1
2001	20.5	661.5
2002	32.5	733.5
2003	36.6	760.7
2004	47.3	907.8
2005	54.8	1 000.3
2006	68.4	1 085.9
2007	85.3	1 242.8
2008	108.9	1 317.5
2009	114.9	1 297.0
2010	138.7	1 400.7
2011	154.5	1 594.2
2012	187.9	1 631.0
2013	219.2	1 669.0
2014	232.9	1 717.0
2015	231.1	1 653.8
2016	251.4	1 713.1

数据来源：UN Comtrade Database 和 World Bank Data。

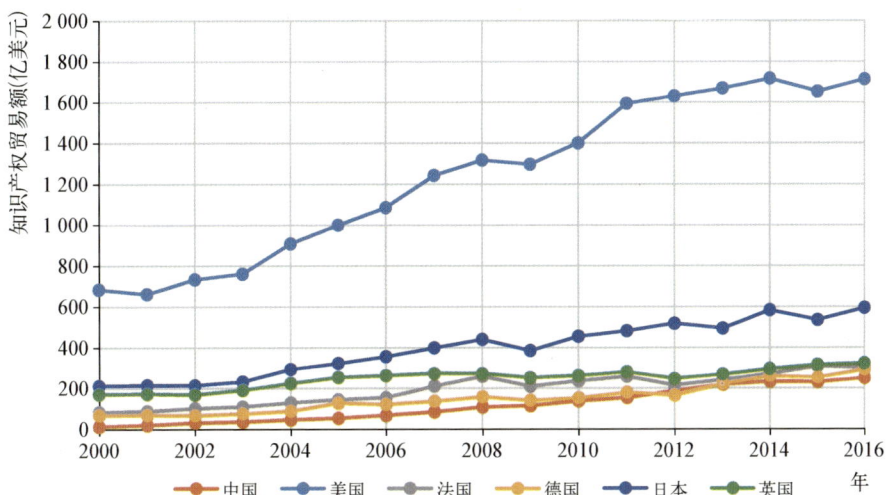

图 7.3　2000—2016 年中美两国及其他主要发达国家
　　　　知识产权贸易总额比较

数据来源：UN Comtrade Database 和 World Bank Data。

表 7.4　世界主要国家知识产权贸易额及增长情况

国　　家	2000 年(亿美元)	2016 年(亿美元)	年均增长率(%)
美　　国	684.1	1 713.1	5.9
爱尔兰	0	843.8	/
荷　　兰	46.8	647.7	17.8
日　　本	212.3	593.8	6.6
瑞　　士	30.8	334.8	16.1
英　　国	172.2	323.6	4.0
法　　国	83.9	302.4	8.3
德　　国	69.5	294.7	9.4
新加坡	51	258.9	10.7
中　　国	13.6	251.4	20.0
韩　　国	40	160.4	9.1
加拿大	58.9	148.2	5.9
瑞　　典	24.1	109.7	9.9
意大利	39.4	80.7	4.6
西班牙	0	69.1	/
卢森堡	2.6	68.7	22.7
比利时	0	61.9	/
印　　度	3.7	59.9	19.0
巴　　西	15.4	57.9	8.6
俄罗斯	1.6	55.5	24.8

数据来源：UN Comtrade Database 和 World Bank Data。

（二）技术进口额

中国技术进口额低于美国。2000—2016 年，中美两国的技术进口额呈上升态势，虽有波动，但增长显著，分别由 2000 年的 12.8 亿美元和 166.1 亿美元增长至 2016 年的 239.8 亿美元和 465.8 亿美元。从全球范围来看，美国由 2000 年的全球第一大知识产权市场国下降为 2016 年的全球第二大知识产权市场国，爱尔兰自 2009 年技术进口额超过美国后持续保持全球第一大知识产权市场国的地位。中国的技术进口额在 2000 年仅位居全球第十二位，在 2014 年超越新加坡后，至 2016 年，持续保持全球第四大知识产权市场国的地位（表 7.5 和图 7.4）。从增长速度上看，在全球技术进口额前二十的国家中，中国年均增长速达 20.1%，低于俄罗斯的 30.6%、卢森堡的 25.7% 和印度的 20.4%，而美国的年均增速仅为 6.7%（表 7.6）。

表 7.5　2000—2016 年中美两国技术进口额比较（单位：亿美元）

年份	中国	美国
2000	12.8	166.1
2001	19.4	166.6
2002	31.1	194.9
2003	35.5	192.6
2004	45.0	236.9
2005	53.2	255.8
2006	66.3	250.4
2007	81.9	264.8
2008	103.2	296.2
2009	110.7	313.0
2010	130.4	325.5
2011	147.1	360.9
2012	177.5	386.6
2013	210.3	388.6
2014	226.1	419.8
2015	220.2	406.1
2016	239.8	465.8

数据来源：UN Comtrade Database 和 World Bank Data。

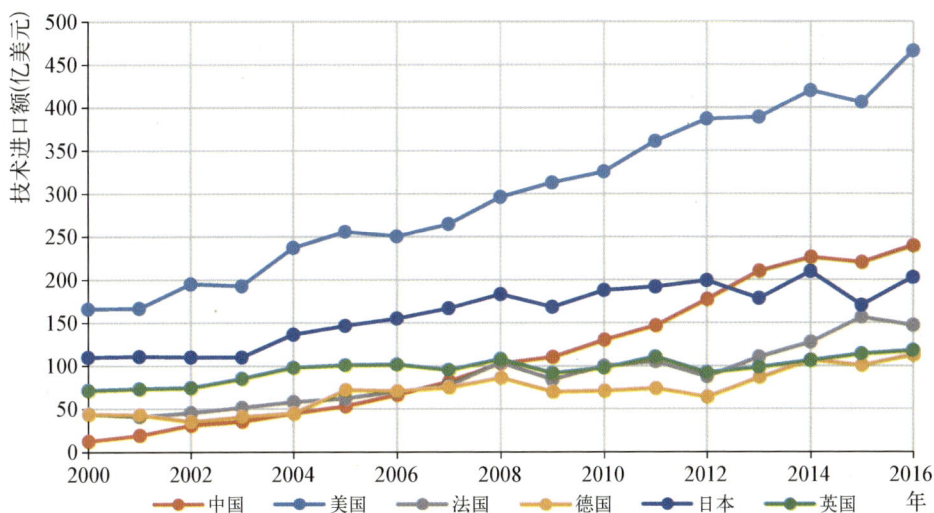

图 7.4　2000—2016 年中美两国及其他主要发达国家技术进口额比较

数据来源：UN Comtrade Database 和 World Bank Data。

表 7.6　世界主要国家技术进口额及增长情况

国　家	2000 年(亿美元)	2016 年(亿美元)	年均增长率(%)
爱尔兰	0.0	760.6	/
美　国	166.1	465.8	6.7
荷　兰	25.0	376.2	18.5
中　国	12.8	239.8	20.1
日　本	110.1	202.5	3.9
新加坡	50.4	185.0	8.5
法　国	44.2	147.1	7.8
瑞　士	8.8	118.9	17.7
英　国	71.4	118.1	3.2
德　国	44.1	113.2	6.1
加拿大	35.6	106.1	7.1
韩　国	33.0	94.3	6.8
印　度	2.8	54.7	20.4
巴　西	14.1	51.4	8.4
俄罗斯	0.7	50.0	30.6
西班牙	0.0	49.9	/
意大利	26.2	46.8	3.7
卢森堡	1.2	46.5	25.7
泰　国	7.1	39.8	11.4
瑞　典	9.9	33.4	7.9

数据来源：UN Comtrade Database 和 World Bank Data。

（三）技术出口额

中国技术出口额远远落后于美国，且中美差距持续扩大。2000—2016年，中美两国在技术出口额上的发展态势差别较为明显，其中美国增长态势明显，由 2000 年的 518.1 亿美元增长至 2016 年的 1 247.3 亿美元；中国的技术出口额则上升缓慢，仅由 2000 年的 0.8 亿美元增长至 2016 年的 11.6 亿美元。从全球范围来看，美国始终保持技术输出第一大国的地位，且逐渐拉大了与其他国家的差距。2016 年，中国的技术出口额仅位居全球第二十二位，几乎落后于所有发达国家。从增长速度上看，在全球技术出口额前二十二的国家中，中国的年均增长速度虽然达到 18.2%，但仍落后于新加坡、卢森堡和匈牙利（表 7.7、表 7.8 和图 7.5）。可见，中国在技术出口方面任重道远。

表 7.7　2000—2016 年中美两国技术出口额比较（单位：亿美元）

年份	中国	美国
2000	0.8	518.1
2001	1.1	494.9
2002	1.3	538.6
2003	1.1	568.1
2004	2.4	670.9
2005	1.6	744.5
2006	2.0	835.5
2007	3.4	978.0
2008	5.7	1 021.3
2009	4.3	984.1
2010	8.3	1 075.2
2011	7.4	1 233.3
2012	10.4	1 244.4
2013	8.9	1 280.4
2014	6.8	1 297.2
2015	10.8	1 247.7
2016	11.6	1 247.3

数据来源：UN Comtrade Database 和 World Bank Data。

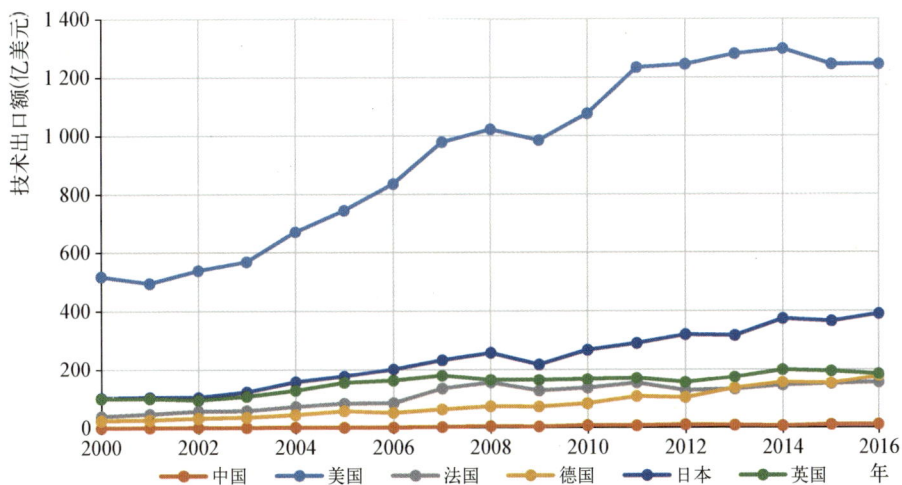

图 7.5　2000—2016 年中美两国及其他主要发达国家技术出口额比较

数据来源：UN Comtrade Database 和 World Bank Data。

表 7.8　世界主要国家技术出口额及增长情况

国　　家	2000 年(亿美元)	2016 年(亿美元)	年均增长率(%)
美　　国	518.1	1 247.3	5.6
日　　本	102.3	391.4	8.7
荷　　兰	21.7	271.5	17.1
瑞　　士	22	215.8	15.3
英　　国	100.8	205.6	4.6
德　　国	25.4	181.5	13.1
法　　国	39.7	155.3	8.9
爱尔兰	0	83.2	/
瑞　　典	14.1	76.3	11.1
新加坡	0.6	73.9	35.1
韩　　国	7	66.1	15.1
加拿大	23.2	42.1	3.8
比利时	0	34.4	/
意大利	13.2	33.9	6.1
芬　　兰	8.9	30.3	8.0
丹　　麦	0	24.3	/
卢森堡	1.3	22.2	19.4
西班牙	0	19.2	/
匈牙利	1.1	17.9	19.0
以色列	5	12.7	6.0
奥地利	0.0	12.0	/
中　　国	0.8	11.6	18.2

数据来源：UN Comtrade Database 和 World Bank Data。

三、本章小结

本章以高技术产品出口表征显性技术贸易，以知识产权进出口表征隐性技术贸易，比较分析了中美两国在技术贸易上的差距。结果发现：

1. 在显性技术贸易方面，中国已成长为全球高技术产品出口额最高的国家，并逐渐拉大了与美国的差距，全球高技术产品生产网络的发育演化离不开中国的推动，中国已成为全球高技术产品生产网络的枢纽。

2. 在隐性技术贸易方面，美国是全球技术贸易最发达的国家，其技术贸易额始终位居全球第一，尤其是在技术出口方面，美国远远超过中国及世界其他国家，全球技术进步离不开美国的技术输出。

第八章

结论与建议

一、结论

改革开放以来，中国科技发展成绩瞩目，但与世界科技强国的差距依然很大。本报告在对中美两国科技竞争力评价的基础上，从科技人力资源、科技经费投入、科研论文产出、发明专利产出、产业技术创新和技术贸易等方面详细对比了中美两国在科技发展上的差异。综合以上分析，可以得出以下结论：

1. 中国科技竞争力发展迅速，与美国的差距逐渐缩小，但差距依然十分明显。 2004—2016 年，中国科技竞争力指数增长迅速，由 0.061 快速提升到 0.494；美国科技竞争力指数增长缓慢，由 0.627 上升到 0.798；中美两国科技竞争力指数的差值由 0.566 减少到 0.304，表明中国科技竞争力与美国的差距在持续缩小。2016 年，中国科技竞争力指数与美国科技竞争力指数之比为 61.9%，也就是说，中国的科技竞争力水平约为美国的 60% 左右。可见，中国与美国的科技竞争力差距依然十分明显。

2. 在科技人力资源方面，中国在一些规模指标上已经超越美国，美国在诸多质量指标上保持领先优势，中国的整体科技人力资源竞争力仍落后于美国。 2004—2016 年，中国科技人力资源竞争力指数由 0.027 快速增长至 0.532，美国科技人力资源竞争力指数由 0.441 增长至 0.670，中美两国科技人力资源竞争力指数的比值由 6.1% 上升到 79.4%，中国与美国的差距正在快速缩小。具体而言，在全时当量研究人员数量上，中国在 2010 年超越美国后,迅速拉大与美国的差距,至 2015 年中国已达 161.9 万人,而美国仅为 138.0 万人;在科学与工程学士学位授予数上,中国在 2004 年超越美国后,迅速拉大与美国的差距,至 2014 年达到 165.4 万人,比美国多出 91.2 万人。但是,中国在诸多科技人力资源质量指标上仍显著低于美国,这也是导致中国整体科技人力资源竞争力仍低于美国的主要原因。如在高被引科学家数量上,2016 年中国仅有 249 人,而美国则多达 1 644 人;在诺贝尔三大自然科学奖获奖人数上,目前中国仅有 1 人,美国则多达 167 人(截至 2018 年);在招收国际留学生规模上,2016 年中国仅为 44.9 万人,美国达到 88.9 万人。

3. 中国科技财力资源竞争力快速提升,尤其是在 R&D 经费投入规模上,与美国差距不断缩小,但在 R&D 经费投入强度、政府 R&D 经费投入、基础研究 R&D 经费投入等方面与美国的差距还很显著。 2004—2016 年,中国科技财力资源竞争力指数由 0.000 上升至 0.765,与美国的差距由 0.582 快速下降至 0.216。中国科技财力资源竞争力的提升突出反映在 R&D 经费投入规模上,虽然美国始终是全球 R&D 经费投入最高的国家,但中国 R&D 经费的年均增长速度高达 17.7%,投入规模在 2008 年超过日本后,一直位居全球第二。从发展趋势看,中国可望在未来几年内赶超美国成为全球 R&D 经费投入总量最高的国家。但是,中国在 R&D 经费投入强度和投入结构方面与美国仍有较大差距。中国 R&D 经费投入强度由 2000 年的 0.9% 上升至 2016 年的 2.1%,但与美国 2.7%—2.8% 的水平相比,差距仍较明显。在 R&D 投入来源方面,中国企业 R&D 经费投入规模已超过美国,但在政府 R&D 经费投入规模上明显低于美国,2016 年仅为美国政府 R&D 经费投入的 70% 左右,这说明中国政府在加大 R&D 投入方面还有较大的空间。从 R&D 活动类型来看,中国的基础研究 R&D 经费投入显著低于美国。2016 年,中国基础研究 R&D 经费为 236.8 亿美元,美国为 863.2 亿美元,中国的基础研究经费只有美国的四分之一左右。2000—2016 年,中国的基础研究 R&D 经费投入占比始终徘徊在 5.0% 左右,而美国则始终保持在 17.0％—23.0％之间。同时在应用研究上,中国的 R&D 经费投入占比在逐年降低,至 2016 年仅为 10.0％左右,而美国始终保持在 20.0％左右。从 R&D 经费的执行部门来看,中国高校 R&D 经费执行规模和占比明显低于美国。2016 年,中国高校执行的 R&D 经费为 308.6 亿美元,而美国高校为 675.2 亿美元,中国高校执行的 R&D 经费不及美国高校的一半。2000—2016 年,中国高校执行的 R&D 经费占比从 9％下降至 7％,而美国同期则由 11％上升至 17％。高校是基础研究的主体,中国高校 R&D 经费执行规模和占比偏低,与中国基础研究投入不足不无关系。

4. 由于高质量研究成果不足,中国科学研究竞争力显著落后于美国。 2004—2016 年,中国科学研究竞争力指数快速提升,由 0.001 上升至 0.483;美国科学研究竞争力指数高位提升,由 0.827 上升至 0.930,中美之间的差距依然十分显著。中国科学研究竞争力的快速提升,突出反映在中国科研论文产出规模上。2004—2016 年间,中国 SCI 论文数量年均增长率达 16.5％,在 2006 年超过日本、德国、英国和法国等发达国家成为世界第二大科研论文大国后,快速向世界第一大科研论文大国——美国逼近,至 2016 年,中国 SCI 论文数量达到 29.3 万篇(美国为 33.4 万篇)。美国在科学研究竞争力上的优势,突出反映在科研论文产出质量上。如在 ESI 高被引论文数量上,2016 年美国为 5 203 篇,而中国仅有 2 992 篇;在 Nature—Science 期刊论文数量上,2016 年美国为 1 103 篇,而中国仅有 167 篇。

5. 中国技术创新竞争力快速上升,但与美国的差距仍较明显。 2004—2016 年,中国技术创新竞争力指数由 0.000 上升至 0.545,上升势头较快;美国技术创新竞争力指数由 0.733 上升至 0.948。2016 年中国技术创新竞争力指数仅为美国的 57.5％,差距十分明显。中国技术创新竞争力的提升突出反映在发明专利产出上,如在本国受理的居民专利申请量上,中国的年均增长率达 27.3％,在 2009 年超越美国后稳居全球第一。2016 年中国的本国受理的居民专利申请量达到 120.5 万件,约为美国的四倍。美国的技术创新竞争力持续位居高位,其领先于中国的优势突出反映在发明专利的产出质量上,如在申请人为本国国籍的有效专利拥有量上,2016 年美国为 218.7 万件,而中国仅有 123.8 万件;在 PCT 专利申请量上,2016 年美国为 5.7 万件,而中国仅有 4.3 万件。

6. 中国科技国际化竞争力增长缓慢,在国际科技合作方面与美国的差距显著,且近年来有扩大趋势。2004—2016 年,中国科技国际化竞争力增长缓慢,竞争力指数仅由 0.189 上升至 0.314,且近年出现下滑趋势。这一现象在国际科研合作论文和 PCT 专利国际合作申请量上可以反映出来,如在国际科研合作论文数量上,2016 年美国为 14.6 万篇,而中国仅有 7.4 万篇,中美两国的差距由 2000 年的 4.7 万篇扩大至 2016 年的 7.2 万篇;在 PCT 专利国际合作申请量上,2014 年美国达到 7 450 件,而中国仅有 1973 件,中美两国的差距由 2000 年的 4 031 件扩大至 2014 年的 5 477 件。

7. 中国装备制造业技术创新能力快速提升,但仍然显著落后于美国。2004—2016 年,无论是在装备制造业整体技术创新能力上,还是在机械设备、医疗设备、运输设备和电气设备四个子产业技术创新能力上,中国都呈现出快速发展的态势,PCT 专利申请量的年均增长率普遍达到 20% 及以上,尤其是电气设备产业,其 PCT 专利申请量年均增长率达到 36.9%。2014 年,中国在机械设备、医疗设备、运输设备和电气设备四个子产业上的PCT 专利申请量分别达到 3 349.8 件、1 116.3 件、572.4 件和 2 585.0 件。美国是全球装备制造产业技术创新能力最为发达的国家,其在上述四个子产业的 PCT 专利申请量上都具有巨大的领先优势。2014 年,美国在机械设备、医疗设备、运输设备和电气设备四个子产业上的 PCT 专利申请量分别为 10 815.9 件、5 028.7 件、1 657.3 件和 4 116.8 件,分别是中国的 3.2 倍、4.5倍、2.9 倍和 1.6 倍。

8. 中国信息通信产业技术创新能力快速追赶美国,尤其在通信设备产业上已实现反超,但在其他产业上与美国的差距依然明显。2004—2016

年,无论是在信息通信产业整体技术创新能力上,还是在计算机、通信设备、半导体和仪器测量四个子产业技术创新能力上,中国都呈现出快速发展的态势,PCT专利申请量的年均增长率普遍达到30%及以上,尤其是在通信设备和半导体产业上,分别达到了41.7%和44.6%。2014年,中国信息通信产业PCT专利申请量达到8817.8件,位居全球第二,仅次于美国。其中,中国通信设备产业PCT专利申请量达到4428.9件,而美国只有3836.5件,中国首次超越美国成为全球通信设备产业领域PCT专利申请量最多的国家,不过美国在计算机、半导体和仪器测量三个子产业的技术创新能力上依然保持较大的优势。

9. 在技术贸易方面,中国的高技术产品出口额稳居全球第一,但在技术出口方面远远落后于美国。高技术产品出口综合反映了一个国家工业体系的先进程度及其在全球生产网络中的地位。2000年以来,中美两国高技术产品出口呈现此消彼长的发展趋势。其中,中国的年均增长率为16.7%,而美国的年均增长率仅为-1.6%。2016年,中国高技术产品出口额达4960.1亿美元,美国仅为1531.9亿美元,中国是美国的三倍多。中国高技术产品出口额自2004年超过美国后,迅速拉大与美国的差距,并已连续多年成为全球高技术产品出口额最高的国家。但是,中国在以知识和技术贸易为代表的全球创新网络中的地位却十分微弱,与美国的差距仍很巨大。尤其是在技术出口方面,中国不仅远远落后于美国,也明显落后于日本、英国、德国和法国等其他发达国家。2016年,中国的技术出口额仅为11.6亿元,而美国高达1244.5亿元,美国的技术出口额为中国的107倍。

二、对策建议

科技竞争力是国家竞争力的核心支撑。当前,中国正在加快建设世界科技强国的进程。美国作为当今世界头号科技强国,其科技竞争力现状及趋势为中国提供了可以参照的坐标。基于中美两国科技竞争力的现状对比及趋势研判,中国想要进一步提升科技竞争力,加快建设世界科技强国的步伐,既需要对标先进、参照一流,进一步深化开放式创新,充分学习和借鉴美国等科技强国的成功经验,更需要立足自身、正视短板,坚持技术创新与制度创新双轮驱动、发展速度和创新质量有机统一、自主创新与开放创新相互促进,着力推动以质量和效益为核心的创新战略,加强基础科学研究,突破关键核心技术,集聚高端科创人才,以实现国家科技竞争力的持续稳步增强。

　　第一,实施以质量和效益为核心的创新。 通过中美科技竞争力的比较可以发现,在许多创新指标的绝对数量方面,中国已快速接近美国,部分指标甚至已超越美国,中国与美国的差距主要在创新质量方面。因此,中国应把提高质量和效益放在科技创新发展的核心地位,着力实施以质量和效益为核心的创新战略。要探索建立以成果质量和实际贡献为导向,与社会经济发展规律、科技创新规律和人才成长规律相适应的科技评价体系。要着力营造宽松的科研氛围,保障科技人员的学术自由,在凝练研发选题、遴选技术路线、推动成果转化等方面,给予科研人员更大的自由度,充分激发他们的自由探索精神,让他们能够潜心研究,提升技术创新成果的原创价值。要完善科研质量诚信体系,鼓励各类高校、科研院所和科技工作者产出高质量的科研成果,支持各类企业和创新机构培育、形成一批品牌形象突出、服务平台完备、质量水平一流的创新产品,从而实现科技创新从量变到质变的飞跃。

　　第二,着力加强基础科学研究。 本报告显示,中国在基础研究方面与美国的差距较大,基础研究能力薄弱已成为中国科技竞争力的最大短板之一。进一步提升中国的科学研究竞争力,需要坚持国家战略需求和科学探索目标相结合,把提升原始创新能力摆在更加突出的位置,加强基础研究前瞻部署,进一步加大基础研究投入,推动不同领域创新要素有效对接,支持高等学校、科研院所、行业龙头企业在基础研究、前沿技术研究等领域的原始创新。突出“从 0 到 1”的原创导向,加强基础研究和应用基础研究的前瞻部署,探索非共识项目评审机制,大力推动变革性技术关键科学问题研究。要建立基础研究投入的长效机制，逐步提高基础研究经费占 R&D 经费的比例。建设面向重点产业或行业领域的研发创新功能性平台、国家实验室、国家重点实验室、工程技术（研究）中心等重大创新平台，为基础研究提供支撑。

第三，加快突破产业关键核心技术。关键核心技术是国之重器，对推动我国经济高质量发展、保障国家安全都具有十分重要的意义。加强核心技术攻关是产业实现高质量发展的必由之路，也是保障产业安全的关键举措。鉴于中国在技术创新竞争力特别是高科技产业关键核心技术方面与美国的差距，加快提升中国产业技术创新实力，要针对我国先进制造业、实体经济发展中面临的关键核心技术瓶颈问题，加快工业化和信息化深度融合，把数字化、网络化、智能化、绿色化作为提升产业创新竞争力的技术基点，推进各领域新兴技术跨界创新，构建结构合理、先进管用、开放兼容、自主可控、具有国际竞争力的现代产业技术体系，以技术的群体性突破支撑引领新兴产业集群发展，推进产业质量升级。要着力构建核心技术协同攻关机制，以企业为主体，以资本为纽带，以产业创新联盟建设为载体，汇聚创新资源要素，形成推动关键核心技术突破的强大合力，培育一批核心技术能力突出、集成创新能力强的创新引擎企业。要推进产学研用一体化，支持龙头企业整合科研院所、高等院校力量，建立创新联合体，推动体制机制创新，开展核心技术研发攻关。要加快建立主要由市场评价核心技术创新成果的机制，打破阻碍核心技术成果转化的瓶颈，使创新成果加快转化为现实生产力。要站在维护国家安全的高度，聚焦关系国家安全、经济安全、产业安全以及制约经济高质量发展的关键问题，加快启动一批示范攻关项目，集成优势创新资源、科研精锐力量开展攻关，确保关键信息基础设施、关键数据安全可控。

第四，培养集聚高层次科技创新人才。创新驱动的实质是人才驱动，在科技竞争力的诸要素中，人才是最核心的要素。当前，中国在诸多科技人力资源规模指标上已超越美国，但在人力资源质量上与美国的差距仍很明显。因此,中国要把培养和集聚高层次科技人才作为提升科技人力资源竞争力的关键。要坚持以人为本,尊重创新创造的价值,按照国家整体人才战略布局,优化人才项目支持结构和总体布局,加大对重点领域、重点地区的支持力度,加强青年人才普惠性支持,激发各类人才的积极性和创造性,加快汇聚一支规模宏大、结构合理、素质优良的创新型人才队伍。要充分发挥科学家和企业家的创新主体作用,在技术方案制定、技术路径选择等方面,让企业家、科学家等创新人才"说了算"。要完善学科专业设置,创新培养机制和模式,培养高层次创新人才、高素质技能人才、高水平经营管理人才,培育工匠精神和企业家精神,构建一支高素质、能够满足科研和产业技术高质量发展需求的人才队伍。要加快建立以品德、能力和贡献为导向的人才评价激励机制,在重大科技任务攻关中锻炼使用人才。要着力深化收入分配制度改革,把体现科技人员知识价值和创新价值作为鲜明的社会导向。

第五,持续扩大科技对外开放。 在科技全球化的时代背景下,持续提升科技竞争力,必须要以全球视野谋划和推动创新,最大限度地用好全球创新资源,全面提升我国在全球创新格局中的位势,力争成为若干重要领域的引领者和重要规则制定的参与者。本报告通过技术交易情况的对比分析发现,中国在技术出口方面与美国还存在很大差距,这说明中国技术创新的国际影响力还比较弱,这与中国全球科技大国的地位明显不相称。中国必须持续扩大科技对外开放,着力提升科技创新的国际影响力。要紧跟世界科技发展趋势,以"一带一路"为重点,加强科技外交和科技国际化布局的顶层设计,统筹国内、国外两种资源,全面提升科技创新发展的国际合作水平。要以全球视野谋划和推动核心技术创新,学会整合全球资源,通过向高手学习,与高手竞争,提高本国的核心技术创新能力。要支持企业面向全球布局事关核心技术的创新网络,鼓励建立海外研发中心,按照国际规则并购、合资、参股国外创新型企业和研发机构。要着眼于国际创新资源利用,在生命科学、能源、化学等领域,面向世界科技前沿,面向全球科学家，发起若干"大科学"计划，努力在部分领域国际重大科学问题新规则的制定上拥有"话语权"。

第六，切实推动创新治理体系和治理能力的现代化。创新发展必须坚持制度创新和科技创新双轮驱动，制度创新对科技创新具有重要保障作用。美国之所以能成为世界科技强国，与其现代化的科技创新治理体制和机制不无关系。科技体制改革的本质在于解放和发展科技人员的生产力。要按照习近平总书记"抓战略、抓规划、抓政策、抓服务"的指示精神，顺应创新主体多元、活动多样、路径多变的新趋势，推动政府管理创新，形成多元参与、协同高效的创新治理格局，实现国家创新治理体系和治理能力的现代化。要加快推动政府科技管理改革，进一步加快政府职能转变，提升统筹协调能力，落实执行能力和政策创新能力，引导服务能力，为各类创新主体提供更多优质高效的公共服务。要积极培育公平的市场环境，强化知识产权保护，反对垄断和不正当竞争。要进一步形成以明晰产权为核心的成果转移转化机制，把科技成果转移、转化的效益评价置于提振产业、促进就业的国家利益和公众福祉的大背景之下。要积极推进政策创新，定期系统梳理现有法律法规和政策条文，凡阻碍创新的应及时予以清改。要强化政府信息与数据公开，形成统合领导、多方协商、部门执行、第三方实施的科技创新资源配置机制。

主要参考文献

一、英文参考文献

[1] Barnett G A，Wu R Y. The international student exchange network：1970 & 1989 [J]. Higher Education，1995，30(4)：353 - 368.

[2] Börjesson M. The global space of international students in 2010 [J]. Journal of Ethnic & Migration Studies，2017，43(8)：1256 - 1275.

[3] Clarivate Analytics. InCites. https://incites. thomsonreuters.com/♯/analytics.

[4] Cornell University，INSEAD，WIPO. Global Innovation Index 2018 [M]. http://www. wipo.int/edocs/pubdocs/en/wipo_pub_gii_2018.pdf.

[5] Stern S，Porter M E，Furman J L. The determinants of national innovative capacity [R]. National bureau of economic research，2000.

[6] Furman J L，Porter M E，Stern S. The determinants of national innovative capacity [C]// Academy of Management Proceedings. Briarcliff Manor，NY 10510：Academy of Management，2000，2000(1)：A1 - A6.

[7] Global Innovation Index 2018. http://www.wipo.int/publications/zh/details.jsp? id=4330.

[8] Macrander A. Fractal inequality：A social network analysis of global and regional international student mobility [J]. Research in Comparative & International Education，2017，12(2)：243 - 268.

[9] Nature Index 2016. https://www.natureindex.com/annual-tables/2016.

[10] Nature Index 2017. https://www.natureindex.com/annual-tables/2017.

[11] Nature Index 2018. https://www.natureindex.com/annual-tables/2018.

[12] Perkins R，Neumayer E. Geographies of educational mobilities：Exploring the uneven flows of international students [J]. Geographical Journal，2014，180(3)：246 - 259.

[13] Porter M E，Stern S. National innovative capacity [J]. Global Competitiveness Report，2011，31(6)：899 - 933.

[14] World Economic Forum. Global Competitiveness Report 2014 - 2015. https://www.

weforum.org/reports/global-competitiveness-report－2014－2015.

[15] World Economic Forum. Global Competitiveness Report 2016－2017. https://www.
weforum.org/reports/the-global-competitiveness-report－2016－2017－1.

二、中文参考文献

[1] 艾国强,杜祥瑛.我国科技竞争力研究[J].中国软科学,2000,(7)：50－53.

[2] 成雪岩.“一带一路”国际化背景下高等教育创新人才培养的路径[J].教育理论与实践,
2016,36(27)：9－11.

[3] 杜德斌.对加快建成具有全球影响力科技创新中心的思考[J].红旗文稿,2015,(12)：25－27.

[4] 杜德斌.全球科技创新中心动力与模式[M].上海：上海人民出版社,2015.

[5] 国家经济体制改革研究院,中国人民大学,深圳综合开发研究院.中国国际竞争力发展报
告：科技竞争力主题研究[M].北京：中国人民大学出版社,1999.

[6] 黄海刚.从人才流失到人才环流：国际高水平人才流动的转换[J].高等教育研究,2017,
38(1)：90－97,104.

[7] 理查德.R.尼尔森,著.曾国屏,刘小玲,李红林,等,译.国家(地区)创新体系比较分析[M].北
京：知识产权出版社,2011：65－87.

[8] 迈克尔·波特,著.李明轩,邱如美,译.国家竞争优势[M].北京：中信出版社,2007.

[9] 迈克尔·波特,著.陈丽芳,译.竞争战略[M].北京：中信出版社,2014.

[10] 迈克尔·波特,著.高登第,李明轩,译.竞争论[M].北京：中信出版社,2012.

[11] 潘教峰,谭宗颖,阳宁晖,等.国际科技竞争力研究—聚焦金砖四国[M].北京：科学出版
社,2012.

[12] 潘教峰,谭宗颖,朱相丽,等.国际科技竞争力研究报告[M].北京：科学出版社,2010.

[13] 宋韬,楚天骄.美国培育战略性新兴产业的制度供给及其启示——以生物医药产业为例
[J].世界地理研究,2013,22(1)：65－72.

[14] 屠启宇,王冰.发挥智力资本优势参与全球创新网络,从国际指标体系看上海建设全球科技
创新中心[J].华东科技,2015,(4)：70－73.

[15] 魏浩,王宸,毛日昇.国际间人才流动及其影响因素的实证分析[J].管理世界,2012,(1)：
33－45.

[16] 杨立英,岳婷,丁洁兰,等.化学十年：世界与中国——基于2001—2010年WOS论文的文
献计量分析[J].科学观察,2014,(2)：18－42.

[17] 赵彦云.科技竞争力的基本概念[J].经济研究参考,1999,(75)：10.

[18] 中国科学技术发展战略研究院.国家创新指数2016—2017[M].北京：科学技术文献出版
社,2017.

[19] 中国科学院国际科技比较研究组.中国与美日德法英五国科技的比较研究[M].北京：科学
出版社,2009.

附录 1   主要统计指标解释

全时当量研究人员(Researchers(FTE)):根据联合国教课文组织(UNESCO)统计研究所的定义,研究人员是指参与新知识、新产品、新流程、新方法或新系统的概念形成或创造,以及相关项目管理的专业人员。研究人员统计数据有两种方式,一种是按研究人员人头数,另一种按全时当量(FTE)来计算。在国际比较时,一般采用全时当量研究人员作为比较,以揭示各国实际投入科技创新的人力。

高被引科学家(Highly cited scientists):是由科睿唯安(Clarivate Analytics)文献计量学专家利用科研绩效分析数据库 Essential Science Indicators(ESI)、以及学术研究平台——Web of Science Core Collection 收录的论文数量和引文数据,精选过去 10 年间在相应学科领域发表的高被引论文(即在同年度同学科领域中引文影响力排在前 1%的论文)数量最多的科研人员。

科学与工程领域(Natural sciences and engineering):科学与工程领域涉及农业科学、生物科学、计算机科学、地球、大气和海洋科学、数学等学科门类。由于 2011 年国际教育分类标准产生变化,新的国际教育分类标准更为综合,而各国的教育分类标准不一,为了使数据具有可比性,本研究所选择的样本国家均采用国际教育最新分类标准。

国际留学生(International students):联合国教科文组织将留学生或国际流动学生定义为跨越两国边界进行学习的学生,这些学生不是正在学习国的公民。本研究所采用的数据仅包括正规的学历教育学生，不包括那些短期学习和交换计划的学生。

研究与试验发展（R&D）：指在科学技术领域，为增加知识总量以及运用这些知识去创造新的应用而进行的系统的、创造性的活动，包括基础研究、应用研究、试验发展三类活动。

基础研究：指为获得关于现象和可观察事实的基本原理的新知识（揭示客观事物的本质、运动规律，获得新发展、新学说）而进行的实验性或理论性研究，它不以任何专门或特定的应用或使用为目的。

应用研究：指为获得新知识而进行的创造性研究，主要针对某一特定的目的或目标。应用研究是为了确定基础研究成果可能的用途，或是为达到预定的目标探索应采取的新方法（原理性）或新途径。

试验发展：指利用从基础研究、应用研究和实际经验所获得的现有知识，为产生新的产品、材料和装置，建立新的工艺、系统和服务，以及对已产生和建立的上述各项作实质性的改进而进行的系统性工作。

ESI 学科：ESI（Essential Science Indicators，简称 ESI）学科分类模式基于期刊分类，每一本期刊只被划分至 ESI 学科中的一个，Web of Science 核心合集收录的期刊论文共分为 22 个学科，包括计算机科学（Computer Science）、工程科学（Engineering）、材料科学（Materials Sciences）、生物学与生物化学（Biology & Biochemistry）、环境/生态学（Environment/Ecology）、微生物学（Microbiology）、分子生物与遗传学（Molecular Biology & Genetics）、化学（Chemistry）、地球科学（Geosciences）、数学（Mathematics）、物理学（Physics）、空间科学（Space Science）、农业科学（Agricultural Sciences）、植物与动物科学（Plant & Animal Science）、临床医学（Clinical Medicine）、免疫学（Immunology）、神经科学与行为科学（Neuroscience & Behavior）、药理学与毒物学（Pharmacology & Toxicology）、精神病学/心理学（Psychology/Psychiatry）、综合交叉学科（Multidisciplinary）等 20 个自然科学学科和一般社会科学（Social Sciences，General）、经济与商

学(Economics & Business)2 个社会科学学科。由于本报告侧重中美科技竞争力比较，故文中的 ESI 学科只包括 20 个自然科学学科。

论文数量：指被 Web of Science 核心合集 SCI－E 引文数据库收录、属于 20 个 ESI 自然科学学科，且文献类型为论文(Article)的论文数量。

国际合作论文：指由两个或两个以上国家/地区作者合作发表的 SCI 论文。

国际合作论文比例：指该国国际合作论文占该国所有论文的比重。

学科规范化的引文影响力：是通过对论文实际被引次数除以同文献类型、同出版年、同学科领域文献的期望被引次数获得的。该指标实际测量的是国家发表论文的篇均被引频次与全球论文的篇均被引频次之比(Category Normalized Citation Impact，CNCI)，其计算公式如下：

$$CNCI_i = \frac{\sum_j^N \dfrac{C_{ij}/P_{ij}}{WC_j/WP_j}}{N}$$

式中 C_{ij} 表示国家 i 在学科 j 的论文被引次数；P_{ij} 表示国家 i 在学科 j 的论文数量；WC_j 表示全球在学科 j 的论文被引次数；WP_j 表示全球在学科 j 的论文数量；N 表示学科数。CNCI 是一个十分有价值且无偏的影响力指标，它排除了出版年、学科领域与文献类型的影响。如果 CNCI 的值等于 1，说明该组论文的被引表现与全球平均水平相当，$CNCI$ 大于 1 表明该组论文的被引表现高于全球平均水平；小于 1，则低于全球平均水平。CNCI 等于 2，表明该组论文的平均被引表现为全球平均水平的 2 倍。

ESI 高被引论文：指 20 个自然学科近 10 年内发表、被引次数排在全球前 1% 以内，且文献类型为论文(Article)的 SCI 论文。该类论文代表了学科领域的高水平科学研究，经常被用于衡量和评价国家/地区的科研水平。

N－S 期刊论文：指 20 个自然学科在 Nature 和 Science 期刊上出版，且文献类型为论文(Article)的 SCI 论文。Nature 和 Science 作为世界级的顶级期刊，报道各学科领域最新的和突破性的研究进展，代表了当今科学的最高水准。

自然指数（Nature Index）：指由施普林格·自然（Springer Nature）旗下自然科研（Nature Research）编制，通过追踪高质量自然科学期刊所发表的科研论文的作者信息，为科研共同体提供有关全球科研状况和出版趋势的信息。自然指数目前采用两种计算论文产出的方法，其中论文计数（AC）指不论一篇文章有一个还是多个作者，每位作者所在的国家或机构都获得 1 个 AC 分值；分数式计量（FC）则考虑了每位论文作者的相对贡献。

学科论文国际占比：指某国某学科的论文数量在全球该学科论文总量中的比例。

学科国际合作相对活跃度：指某学科在某国国际科研合作中的相对活跃程度。其计算公式如下：

$$PAI_{ij} = \frac{P_{ij}/P_{wj}}{P_i/P_w}$$

式中 P_{ij} 表示国家 i 在学科 j 的国际合作论文数量；P_{wj} 表示世界在学科 j 的国际合作论文数量；P_i 表示国家 i 的国际合作论文总数；P_w 表示世界的国际合作论文总数。学科国际合作相对活跃度消除了学科间国际合作论文总量差异带来的影响，使得同一国家不同学科之间具有可比性。PAI＞1 意味着该学科在该国的国际合作中相对活跃。

居民和非居民专利申请量（Patent applications by resident and non-resident）：专利中的"居民（resident）"指与专利申请受理国知识产权局同属一国的申请者。这里的知识产权局可以为国家知识产权局，也可以是区域知识产权局。"非居民（non-resident）"指与专利申请受理国知识产权局不属于同一国的申请者。非居民专利申请的活跃程度反映了一国的技术保护程度和技术市场被国际认可的程度，反映了技术和技术产品潜在市场的国际竞争水平。

每百万居民专利申请量(Resident applications per million population)：指每百万人口基数的居民专利申请数量，描述的是专利申请的人力资本成本。

每千亿美元 GDP 居民专利申请量(Resident applications per 100 billion USD GDP)：指每千亿美元 GDP 的居民专利申请数量，描述的是专利申请的货币资本成本。

按申请人国际分的专利申请与授权(Patent applications and grants, total count by appllicant's origin)：按申请人国籍分的专利申请与授权量不仅识别该国申请人在其国内申请和授权的专利，还包括该国申请人在他国、其他国际性机构(如 WIPO)申请和授权的专利。

有效专利(Patents in force)：有效专利是指专利申请获得授权后，在法定保护期限内，且按规定缴纳年费的有效专利。有效专利对所设计的技术具有约束力。

按申请人国籍分的有效专利拥有量(Patents in force , total count by appllicant's origin)：按申请人国籍分的有效发明专利不仅识别该国申请人在其国内的有效专利，还包括该国申请人在他国、其他国际性机构(如 WIPO)的有效专利。

专利合作协定(Patent Cooperation Treaty, PCT)：指专利领域的一项国际合作条约，其主要目的在于简化以前确立的在多个国家专利局申请发明专利保护的方法，代之以更为有效经济、对用户有益且能行使管理职权的专利局的体系。

专利申请国际合作：指由两个或两个以上国家/地区申请人合作申请的专利。

美国专利分类(United States Patent Classification, USPC)：美国专利分类是美国专利与商标局(United States Patent and Trademark Office, USPTO)根据美国专利法制定的、对美国发明专利和实用新型专利进行分

类的一套标准，起源于 1830 年，是目前世界上历史最悠久、分类最详细的专利分类系统之一。USPC 将美国发明专利和实用新型专利类型划分为约 450 个大类，15 万个小类。

国际专利分类标准（International Patent Classification，IPC）：1971年，《巴黎公约》成员国在法国斯特拉斯堡签订了著名的《国际专利分类斯特拉斯堡协定》（Strasbourg Agreement，SA）。这一协定的普遍价值一方面在于促进了世界知识产权组织（WIPO）这一专业联盟的建立；另一方面在于制订了国际通行的专利分类标准（IPC），为各工业体开展密切的技术合作，保护发明人的知识产权起到了重要的推进作用。IPC 至今已经更新8 个版本，且 IPC 委员会每年都会对其进行修订。IPC 将发明专利和实用新型专利类型划分为 8 个部门、22 个分部、120 个大类、631 个小类。

《USPC - NAICS 一致性对应表》（USPC - to - NAICS Concordance）：为准确掌握国内制造业技术创新态势，及时制定产业发展政策，美国专利商标局根据美国专利分类标准和北美产业分类系统特征，发布了《USPC - NAICS 一致性对应表》（USPC - to - NAICS Concordance），从而能够将每一个专利根据专利类别划分至每一个产业门类下。

《USPC - IPC 的反向一致性对应表》（USPC - to - IPC Reverse Concordance）：美国专利商标局为实现美国专利分类标准与国际专利分类标准（International Patent classification，IPC）的统一性，发布了《USPC - IPC 的反向一致性对应表》（USPC - to - IPC Reverse Concordance），从而能够将美国专利分类与国际专利分类进行衔接。

高科技产品出口额（High-technology exports）：指一国向国外出口具有高研发强度产品获取的收入，例如航空航天、计算机、医药、科学仪器、电气机械。数据按现价美元计，来源于联合国商品贸易统计数据库。

高科技产品出口额占制成品出口比重（High-technology exports as a share of manufactured exports）：指一国高科技产品出口收入占其制成品出口收入的比重，数据按现价美元计，来源于联合国商品贸易统计数据库。

联合国商品贸易数据库（UN Comtrade Database）：是联合国官方国际贸易统计和相关分析表的储存库。

国际服务贸易统计手册（EBOPS）：指服务于国际贸易统计，由联合国、欧共体、国际货币基金组织、经济合作与发展组织、联合国贸易和发展会议、世界贸易组织六大国际组织于 2002 年共同编写的国际服务贸易统计手册。

特许权使用费和许可费（Royalties and License Fee）：是国际服务贸易统计手册（EBOPS2002）中的一种服务贸易分类，指居民和非居民之间为在授权的情况下使用无形、不可再生的非金融资产和专有权利（例如专利、版权、商标、工业流程和特许权），以许可的形式使用原创产品的复制真品（例如电影和手稿）而进行的付款和收款。数据按现价美元计，来源于联合国商品贸易统计数据库。

知识产权进口额（Charges for the use of intellectual property, payments）：是指一国授权他国使用其无形、不可再生的非金融资产和专有权利（例如专利、版权、商标、工业流程和特许权），以及以许可的形式允许他国使用其原创产品的复制真品（例如电影和手稿）而进行收款。数据按现价美元计，来源于世界银行数据库。

知识产权出口额（Charges for the use of intellectual property, receipts）：是指一国得到他国授权，使用其无形、不可再生的非金融资产和专有权利（例如专利、版权、商标、工业流程和特许权），以及得到他国许可，使用其原创产品的复制真品（例如电影和手稿）而进行付款。数据按现价美元计，来源于世界银行数据库。

附录 2　表目录

附录 3　图目录